云南橡胶林生态水文效应研究

刘新有　史正涛　彭海英 等　著

中国水利水电出版社
www.waterpub.com.cn
·北京·

内 容 提 要

本书在对云南主要人工经济林总体分析的基础上，以西双版纳傣族自治州为主要研究区，以天然橡胶林作为主要研究对象，通过实地调查访问、多元遥感数据分析、土壤等样品分析、橡胶林和天然林水分循环的对比观测等，探讨了西双版纳傣族自治州景观破碎化过程及生态安全，查明了橡胶林地与天然林地在径流、水资源、土壤水源涵养能力、土壤肥力变化等方面的差异，分析评价了天然橡胶大规模种植的生态水文效应及其对区域水资源安全的影响，旨在从多个角度揭示天然橡胶林对区域水文水资源及生态环境影响的现象及发生机理，进而提出区域水资源安全调控对策。

本书可供水文水资源及生态环境等相关领域的科研人员、大学教师和研究生，以及从事水资源与生态环境规划和管理的技术人员参考。

图书在版编目（CIP）数据

云南橡胶林生态水文效应研究 / 刘新有等著. -- 北京 : 中国水利水电出版社, 2022.9
ISBN 978-7-5226-0966-9

Ⅰ. ①云… Ⅱ. ①刘… Ⅲ. ①橡胶树—森林生态系统—研究—云南 Ⅳ. ①S794.1

中国版本图书馆CIP数据核字(2022)第163411号

审图号：云S（2022）18号

书　　名	**云南橡胶林生态水文效应研究** YUNNAN XIANGJIAOLIN SHENGTAI SHUIWEN XIAOYING YANJIU
作　　者	刘新有　史正涛　彭海英　等　著
出版发行	中国水利水电出版社 （北京市海淀区玉渊潭南路1号D座　100038） 网址：www.waterpub.com.cn E-mail：sales@mwr.gov.cn 电话：（010）68545888（营销中心）
经　　售	北京科水图书销售有限公司 电话：（010）68545874、63202643 全国各地新华书店和相关出版物销售网点
排　　版	中国水利水电出版社微机排版中心
印　　刷	北京九州迅驰传媒文化有限公司
规　　格	170mm×240mm　16开本　10.5印张　200千字
版　　次	2022年9月第1版　2022年9月第1次印刷
定　　价	**60.00**元

前言

橡胶被视为一种具有全球重要性的大宗商品，橡胶作为不可替代的重要工业原料，是国家重要的战略物资，对社会经济发展至关重要。天然橡胶是应用最广的通用橡胶。通常所说的天然橡胶是指从巴西橡胶树（以下简称“橡胶树”）上采集的天然胶乳，经过凝固、干燥等加工工序制成的弹性固状物。在中国，橡胶树主要生长在海南、广东、云南等省的热带地区。目前，云南省橡胶林种植面积已超过了海南省，成为了全国最大的橡胶原料产地。在橡胶林集中的西双版纳傣族自治州（以下简称“西双版纳州”），橡胶林面积已超过该州植被总面积的1/2。快速扩展的橡胶林对当地生态环境、生物多样性和水文水资源等产生的负面影响也逐渐显现，同时也引起学术界和社会的广泛关注。

大面积种植人工经济林是否会对环境产生重大影响还存在着一些争议，但大多数人认为，橡胶林面积的连年增加导致天然林面积不断减少、天然林生境破碎化程度加剧、森林片断化问题严重，在一定程度上干扰甚至破坏我国珍贵的热带雨林、热带季雨林生物多样性及生态环境，甚至影响区域水资源安全和区域气候变化。其中，对区域水分平衡的影响是整个生态环境问题的关键和核心。但橡胶林快速扩展是如何影响区域水分平衡的，对区域生态环境的影响是如何产生的，影响程度如何，其变化趋势如何，尚缺乏基于全面观测和分析的支撑。为此，在2014年云南省水利科技项目、2015年江苏省博士后科研资助计划和云南省“万人计划”青年拔尖人才专项的共同资助下，“云南主要人工经济林对区域水资源安全的影响调查研究”课题组开展了云南橡胶林生态水文效应研究，并将主要研究成果出版。

本书在对云南主要人工经济林总体分析的基础上，以西双版纳州为主要研究区，以橡胶林作为主要研究对象，通过实地调查访问、多元遥感数据分析、土壤等样品分析、橡胶林和天然林水分循环的对比观测等，探讨了西双版纳州景观破碎化过程及生态安全，查明了橡胶林与天然林在径流、水资源、土壤水源涵养能力、土壤肥力变化等方面的差异，分析评价了橡胶林大规模种植的生态水文效应及其对区域水资源安全的影响，旨在从多个角度揭示大面积橡胶林种植对区域水文水资源及生态环境影响的现象及发生机理，进而提出区域水资源安全调控对策。研究成果对于阐明以橡胶林为主的人工经济林种植对区域水资源和生态环境的作用和影响，为有关部门正确决策人工经济林的经济效益与生态环境、生物多样性保护和恢复及生态文明建设提供科学依据。全书共7章。第1章“绪论”由刘新有、彭海英撰写；第2章“西双版纳景观破碎化时空演变与生态安全格局”由史正涛、沈润、彭海英撰写；第3章“橡胶林与热带雨林土壤理化性质对比”由史正涛、王晓连、宋艳红、彭海英撰写；第4章“西双版纳州植被转换过程中河流水沙变化”由刘新有撰写；第5章“西双版纳州雾的气候学特征及其影响因素”由彭海英撰写；第6章“橡胶林种植的社会贡献与生态资产损失评价”由刘新有撰写；第7章“云南主要人工经济林对区域水安全影响评估及调控对策”由刘新有、彭海英撰写。全书由刘新有、彭海英统稿。在本书的编写过程中，参考了陈百明等学者的相关研究，袁树堂、文朝菊、文海燕、李延庆等做了大量的基础工作，在此一并致谢！

限于作者水平和时间，书中难免存在错误和不妥之处，敬请读者批评指正。

作者

2022年1月

目录

第1章 绪　论

1.1 研究背景

1.1.1 人工经济林种植及其影响

人工经济林种植由于经济效益较好，已成为云南省部分山区发展经济的重要途径。特别是在水热条件好的热带、亚热带地区，随着社会经济的发展，一些经济效益相对较大的经济林种种植面积迅猛扩大，其中橡胶树和桉树是种植面积大、造成生态及环境影响最大的两种人工经济林。

云南省是我国主要的橡胶产地，从 20 世纪 90 年代中后期开始，随着国际橡胶价格持续走高，橡胶需求迅速增长，橡胶树种植面积急剧扩大，2015 年橡胶树种植面积达 57.34 万 hm^2，主产区西双版纳州的橡胶树种植面积超过 42.4 万 hm^2，占该州植被总面积的 1/2（Xu et al.，2014），橡胶产业成为西双版纳州种植规模最大并且经济效益最好的支柱性特色产业。

国家经济发展带动汽车行业的蓬勃发展，推动了西双版纳州橡胶树种植面积不断增大，橡胶林已成为西双版纳人工景观的主导类型。统计数据显示，西双版纳州有约 13 万人直接从事与橡胶产业有关的工作，农民人均纯收入的 54%来源于橡胶产业。然而，橡胶林面积的连年扩大导致天然林面积不断减少、天然林生境破碎化程度加剧、森林片断化问题严重，这在一定程度上干扰甚至破坏了我国珍贵的热带雨林生物多样性及生态环境，有可能与雾日减少、旱季干旱加剧、部分支流断流或径流量减少等事件相关联，甚至影响区域水资源安全和区域气候变化。区域可用水资源变化和区域气候变化不仅影响到当地居民的生产活动和生活用水，而且影响到热带雨林、热带季雨林和人工经济林的生长环境。

在云南南部水热条件较好的地区，不仅是橡胶树、桉树这些“绿色植物”在提出自己的“领土”要求，同时茶叶、咖啡、香蕉等经济作物的种植面积近年来也持续扩大。生物乙醇和生物柴油已经被云南作为今后生物质能源产业发展的重点和主要方向。

事实上，橡胶、桉树等人工经济林大规模种植引起的生态环境和可用水资源减少等问题一直受到社会各界广泛关注。Qiu 等（2009）、Ziegler 等（2009）在著名期刊 *Nature* 和 *Science* 的文章等，分析和研讨了西双版纳州森林砍伐和橡胶林无序扩张带来的负面影响，橡胶树大量种植以后，当地冬季的雾减少、地表径流增加、土壤涵养水源的能力发生变化、改变区域碳储量、影响区域小气候、土地利用变化导致生态系统服务价值变化。针对橡胶树种植引发的环境问题，刀慧娟等（2013）呼吁通过法律途径解决。同时，吴学灿等（2020）担心正在大面积种植的膏桐、茶叶、咖啡同样会大量吞噬热带雨林。

当前，在大面积种植人工经济林是否会对环境产生重大影响的认识上，目前存在着很大争议，其争论的焦点主要有三个方面：①人工经济林的大面积种植对区域水分平衡和水质的影响，是否会加剧旱季水资源短缺；②人工经济林对林地养分循环的影响，是否会造成土地退化；③人工经济林对生物多样性的影响，是否会造成种植区生物多样性的大幅减退。其中，人工经济林对区域水分平衡和水质的影响是整个生态环境问题的关键和核心。

1.1.2　云南橡胶林种植及其影响

经过大量引种驯化和不断研发，橡胶树在我国成功实现了种植界限的北移，打破了传统种植区域的界限，扩大了国家战略资源储备。

西双版纳州位于我国西南部，地处北纬 21°附近，气候条件处于橡胶林生长的北限，是橡胶树北移种植非常成功且重要的例证。截至 2017 年年底，西双版纳州橡胶种植面积已达到 30.20 万 hm^2，干胶产量达 30.21 万 t，是我国第二大橡胶生产基地（西双版纳傣族自治州统计局，2018）。

橡胶产业是西双版纳州特色经济支柱产业，国民经济发展过程中与日俱增的橡胶需求，大大促进了西双版纳橡胶产业的蓬勃发展。约 13 万人从事与橡胶产业有关的工作，农民人均纯收入一半以上来源于天然橡胶。在经济利益的驱动下，橡胶树种植面积快速上升，特别是随着 20 世纪 90 年代中后期国际橡胶价格的持续走高，西双版纳出现了盲目追求经济利益，肆意开荒垦植橡胶的现象，大部分地区不仅弃“田”改“胶”，还“毁林种胶”，大量天然林被开垦为橡胶林，橡胶树开始从低海拔的“适宜区”向高海拔山区的“非适宜区”扩张（刘少军 等，2016，2021）。

西双版纳州橡胶林扩展过程中，土地利用/覆被剧烈变化。20 世纪 50 年代，西双版纳天然林覆盖率为 70%～80%，现如今下降到 55.6%，橡胶林面积升至全州国土总面积的 22.14%，而西双版纳州现存 41.7%的森林处于海拔 900～1200m 的橡胶林快速增长区，存在进一步被橡胶林侵占的风险（廖谌婳 等，2014）。在植被类型相对单一的橡胶林扩展过程中，森林面积持续减少，森林呈现斑块化、破碎化特征，进而导致了生物多样性降低（周会平 等，2012）、水土流失（李金涛 等，2010）、区域涵养水源能力下降（刘玉洪 等，

2002)、空气相对湿度降低，橡胶林种植地区的气候从湿热逐步转为干热，西双版纳州极端气候事件强度和频率加大（宫世贤 等，1996；Xu et al.，2014)，或对区域水量平衡造成了负面影响。

橡胶林是速生性经济林，对水资源的吸收利用远超一般作物和灌木植物，橡胶林的蒸散发特征一直受到持续关注（Tan et al.，2011)。蒸散发量是保证橡胶林正常生长以及衡量其生态系统健康的重要指标，橡胶林过度利用植胶地土壤水分满足自身蒸散需求，加大了土壤水分的损耗。据研究，橡胶林年蒸发量比热带雨林高28%～30%，而涵养水源和水土保持的价值仅为热带季雨林的48.92%和87.62%（夏体渊 等，2009)。与热带雨林径流终年不断流相比，橡胶林的年无径流日达到80.4d（周文君 等，2011)，特别在干季，橡胶林地表径流零流量，水流量和（或）地下水位出现急剧变化，人畜饮水出现季节性短缺（Tan et al.，2011)，影响了植胶地的水汽循环和气候变化，造成区域水资源危机。自2010年以来，西双版纳州季节性旱灾频发，橡胶林快速扩展对区域水量平衡及水资源安全的影响成为公众和业界关注的焦点问题。

橡胶林快速扩展引发的环境问题，日益受到学者的广泛关注。张一平等（2003）研究发现，西双版纳州一年内热带季雨林冠层截留量、树干茎流量和穿透雨量分别为660.6mm、80.7mm和853.2mm，橡胶林中林冠层截留量、树干茎流量和穿透雨量分别为393.5mm、104.1mm和1096.5mm。Tan等（2011）通过对西双版纳州的热带季雨林及橡胶林的对比观测发现，橡胶林年蒸散发量较热带季雨林高168～198mm；西双版纳州热带季雨林和橡胶林在雨季的径流输出量分别占年径流总量的79%和94%，且热带季雨林终年不断流，而橡胶林的年无径流日达到80.4d。橡胶林的特殊生长和管理特征，对林下土壤保持产生较大的危害。李金涛等（2010）发现，雨季期间，西双版纳州橡胶林下土壤实际斥水性明显高于热带季雨林，说明橡胶林下雨水在地表的滞留时间和地表径流量均大于热带季雨林，加大了土壤侵蚀的风险。

吕晓涛等（2007）通过观测发现，西双版纳州热带季雨林的总生物量为423.91t/hm^2，其中活体植物生物量占95.28%、粗死木质残体占4.07%、地上凋落物占0.65%；在层次分配方面，乔木层、木质藤本、灌木层、草本层和附生植物的生物量分别占总生物量的98.09%、0.83%、0.29%、0.51%和0.06%。西双版纳原始热带季雨林在种植砂仁后总生物量平均降低53.21%，相对于原始林，乔木层生物量减少53.73%，灌木层和木质藤本层生物量分别减少94.72%和98.33%；且种植砂仁的整地过程造成热带季雨林植物群落中70%～90%的物种流失，其中草本和灌木植物物种基本完全消失，导致群落结构简单化。在西双版纳的橡胶适宜种植区（海拔800m以下地区）和次适宜种植区（海拔 800m 以上地区），树龄为 26 年的橡胶林总生物量最大值分别为 205.82t/hm^2 和 139.76t/hm^2，显著低于西双版纳州热带季雨林的生物量。Xiao 等（2014）发现，与天然林相比较，西双版纳州单一的橡胶林地在种植橡胶后 15～20 年内线虫类的物种丰富度下降 33%。周会平等（2012）通过对西双版纳国有农场和民营胶园中不同林龄（2～21 年）和不同海拔（550～1000m）的橡胶林林下植被多样性的观测，发现橡胶林林下约有 87 科 242 属共计 340 余种植物，且林下植被层多为草本及高度不足 1m 的小灌木。Zhu 等（2004）发现西双版纳斑块化森林中藤本植物和小型地上植物物种增加，但附生植物、大高位芽植物、中高位芽植物和地上芽植物种类减少，斑块化森林的物种总数远远低于原始林，其扰动程度越大的森林斑块，减少的物种数目越多。许再富（2004）发现，生活在西双版纳自然保护区内的亚洲象，由于各保护区之间、保护区内部受到村寨、农田和公路交通等的影响而相互隔离，限制了大象的取食范围，在食物匮缺时，大象走出森林进入农田取食，引发了人象矛盾，危及了居民生命财产安全，也影响了亚洲象的持续生存和发展。兰国玉等（2008）在我国西双版纳州勐腊县补蚌村望天树林中一块面积为 20hm^2 的热带森林动态监测样地进行的生物多样性观测显示，样地内平均每公顷样方中含胸径不小于 1cm 的乔木物种 216.5 种，整个样地内胸径不小于 1cm 的乔木物种共有 468 种。西双版纳森林覆盖率从 70%降低到 50%，森林斑块数从 6096 个增加到 8324 个，平均斑块面积从 217hm^2 降低到 115hm^2。

综上所述，已有的研究主要集中在热带雨林与橡胶林林冠生态水文效应、橡胶林等人工经济林对生态系统结构和功能影响等方面，相对缺乏对区内主要河流径流量变化及其与橡胶树种植过程的系统研究，特别是关于橡胶林的水文水资源效应相关争论的实地观测资料很少。目前的相关认识和说法大多基于感性认识和零散的调查、访谈资料，或针对某一具体问题进行的研究，缺乏流域系统的水文、气候、植被等定位观测资料，所得的结论具有局限性，科学性和理论性不强。因此，对云南省主要人工经济林种植区进行详细的水文水资源调查和研究不仅是科学问题，而且是亟须应对和急迫解决的民生问题。

1.2　云南橡胶林种植及水资源短缺问题调查

1.2.1　人工经济林及其对经济发展的贡献

云南地形以山地为主，山地面积约占全省国土面积的 84%以上，气候以亚热带季风气候为主，年平均气温6～22℃，年降水量在1000mm以上。地形和气候的多样性使云南成为我国的“植物王国”。云南树种超过万种，列入国家重点保护野生植物名录的有146种。其中国家一级保护野生植物38种，包括滇南苏铁、巧家五针松、东京龙脑香等；国家二级保护野生植物有108种，包括鹿角蕨、翠柏、黄杉、云南榧树等。境内竹类、药材、花卉、香料、野生菌的种类均居全国之首。

云南特色经济林主要包括：木本油料类的油茶、油橄榄，干果类的核桃、板栗、银杏、果梅、云南皂荚、澳洲坚果，香料饮料类的八角、花椒、肉桂、酸木瓜，工业原料类的橡胶、桉树、棕榈、青刺尖、油桐、白蜡、五倍子、印楝等以及茶、桑、咖啡、水果等。

2015年年底，云南木本油料种植面积达326.67万hm^2，产量90万t，产值290亿元，云南成为全国重要的木本油料基地之一；同时建成观赏苗木基地4000余个，经营面积2万余公顷，实现产值45.69亿元；林下经济经营面积超过453.33万hm^2，主要产品产量达750万t，产值超过650亿元，相关产业综合产值超过1000亿元。到2020年年底，全省木本油料林基地面积达到360万余公顷，产值1000亿元；林下经济经营面积达到667万hm^2，产值1200亿元；建立北热带、南亚热带、中亚热带、北亚热带、温带观赏苗木区，观赏苗木生产经营面积稳定在2.67万hm^2以上，实现产业年产值100亿元。

天然橡胶以其独特的、合成橡胶难以替代的性质，成为工业、国防、医疗卫生等领域重要的生产材料。2011年，云南省橡胶树种植总面积超过海南省成为全国最大橡胶树种植省份，种植面积约占全国的一半，且平均每公顷产干胶1620.6kg，高出全国平均每公顷产干胶量的28.54%。1956—2013年，全省累计生产干胶548万t，为国家节省进口橡胶外汇支出150亿美元（汪铭等，2014）。橡胶树不仅能产出橡胶，而且橡胶树树干也能够制作家具，在实木家具市场中，我国橡胶原木的价格为2500～3000元/m^3（彭娅，2015）。

1.2.2 天然橡胶林种植历程

橡胶树原产于亚马孙河流域，于1876年经英国人威克汉姆移植到热带地区锡兰的植物园，并且以其为核心向外进行辐射栽培，使其逐渐扩散到亚洲、非洲、大洋洲等适宜生存的区域（张箭，2015）。我国成功引种的第一批橡胶树是在1904年由云南省干崖（今盈江县）傣族土司刀安仁先生，从新加坡购回并栽种在今云南省德宏傣族景颇族自治州（以下简称“德宏州”）盈江县新城凤凰山中，至今仍有一颗原始实生树幸存。到20世纪40年代中后期，泰国华侨钱仿周先生率领6名工人运送20000余株胶苗抵达西双版纳橄榄坝，种植于曼龙拉寨附近，并命名为暹华胶园。

1949 年以来，以美国为首的部分西方资本主义国家对我国实行经济封锁和物资禁运，天然橡胶也在禁运物资之列。为确保我国国民经济建设和国防安全建设的顺利进行，20 世纪 50 年代初党中央将天然橡胶定位为“战略物资”，作出了《关于扩大培植橡胶树的决定》等一系列重大决策。1951 年，秦仁昌教授带领滇西调查队前往云南省德宏州进行宜林地资源调查，并专门考察了橡胶母树，认为其适宜植胶的土地资源约有 1.3hm^2，是云南种植橡胶树的重要基地。1953 年初，由中苏植物学专家蔡希陶、何金海和尼卓维也夫等组成调查组赴西双版纳进行了橡胶树种植可行性的考察，经研究、试种证实了被外国专家称为橡胶树种植“禁区”的云南西南部北纬 18°～24°地区可以大面积种植橡胶树。1956 年，国家有关部门根据已种植橡胶树的适应性反应，确定了云南南部部分地区及西双版纳可以大规模发展橡胶种植（尹仑 等，2013）。经过几代植胶人的开发建设，我国于 1982 年宣告种植橡胶树北移成功，并建立了以西双版纳、海南岛为主的橡胶生产基地，同时在接近北纬 25°南亚热带的一些区域也植胶成功，修正了北纬 17°以北不能植胶的传统论断。

中华人民共和国成立之前，云南的橡胶树主要分布在西双版纳州和德宏州的部分地区。经过几代人的不懈奋斗打破橡胶树种植“禁区”，再加上选育水平的提高及优良品种的推广，使得云南省橡胶树种植范围逐渐扩大。截至 20 世纪 90 年代中期，橡胶树种植区已经涉及西双版纳、红河、文山、思茅、德宏和临沧等州（市）。同期，云南省橡胶树种植面积达到 14.35 万 hm^2，割胶面积达 8.65 万 hm^2 左右，干胶产量约有 13.08 万 t。其中，2015 年干胶产量以西双版纳州最多，占云南省干胶产量的 70％以上，如图 1.1 和图 1.2 所示。

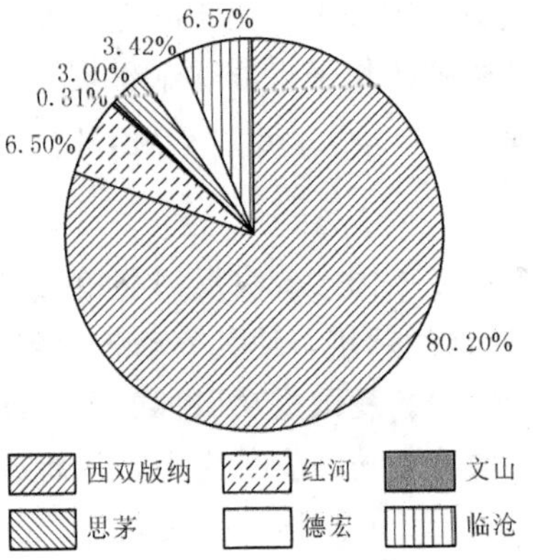

图 1.1　1995 年云南省各主要植胶区占云南省干胶产量的百分比

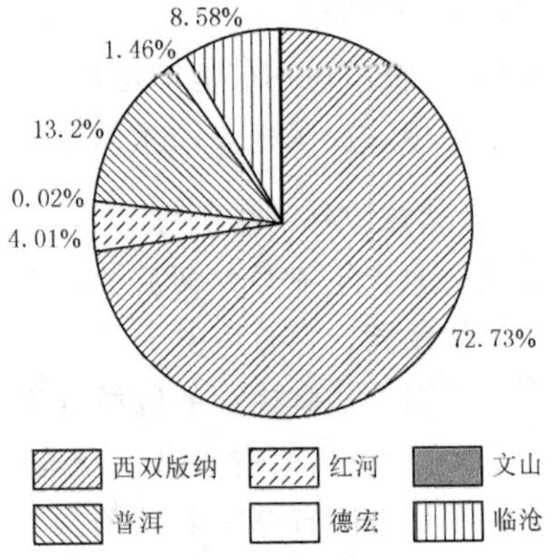

图 1.2　2015 年云南省各主要植胶区占云南省干胶产量的百分比

21世纪以来，为进一步发展我国天然橡胶产业，国务院办公厅、农业部、财政部等相关国家部门相继出台一系列政策推进我国橡胶产业的发展。如2007年农业部颁布并实施了《全国天然橡胶优势区域布局规划（2008—2015年)》，2010年国务院办公厅下发了《关于促进我国热带作物产业发展的意见》，为贯彻落实这两个文件，农业部于2013年印发了《2013年天然橡胶标准化抚育技术补助试点工作方案》，扩大良种补贴，使橡胶种植得到进一步的发展。根据云南省统计年鉴，2005年，云南橡胶树种植面积为29.90万hm^2，割胶面积为14.00万hm^2，干胶产量为24.03万t；2007年，云南橡胶树种植面积为39.65万hm^2，割胶面积为16.66万hm^2，干胶产量为28.22万t；2010年，云南省橡胶树种植面积为48.67万hm^2，割胶面积为21.04万hm^2，干胶产量为33.06万t；2013年，云南省橡胶树种植面积为55.43万hm^2，割胶面积为26.26万hm^2干胶产量为42.56万t；截至2015年年底，云南省橡胶树种植面积为57.34万hm^2，割胶面积为30.74万hm^2，干胶产量为43.93万t（图1.3)；其中，同时期云南省橡胶产量分别占全国橡胶总产量的46.79%、47.96%、47.86%、49.21%和53.83%（图1.4)。2011年，云南省橡胶树种植面积首次超过海南省成为我国橡胶树种植面积最大的省份（图1.5)。

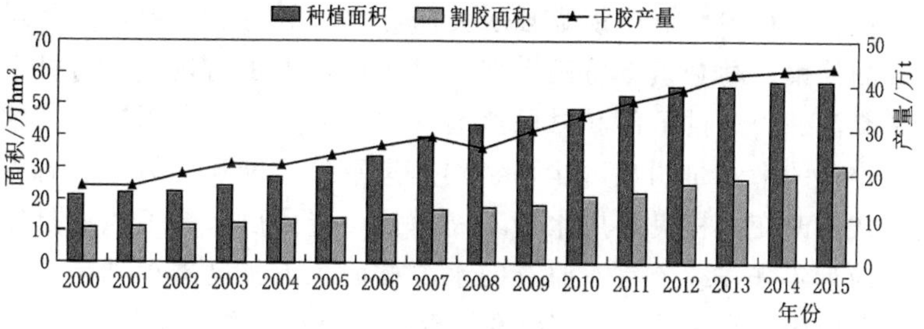

图1.3　2000—2015年云南省橡胶树种植面积、割胶面积及干胶产量的变化趋势

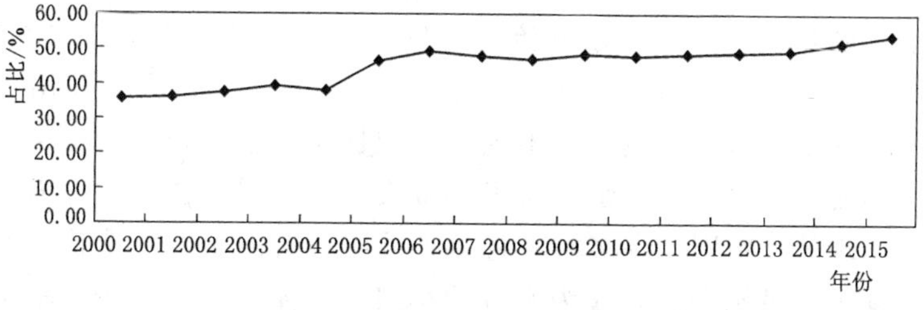

图1.4　2000—2015年西双版纳州干胶产量占全国比例的变化趋势

1.2.3　天然橡胶林种植区水资源短缺问题调查

橡胶林种植区水资源短缺问题调查主要在橡胶树种植面积最大的勐腊县

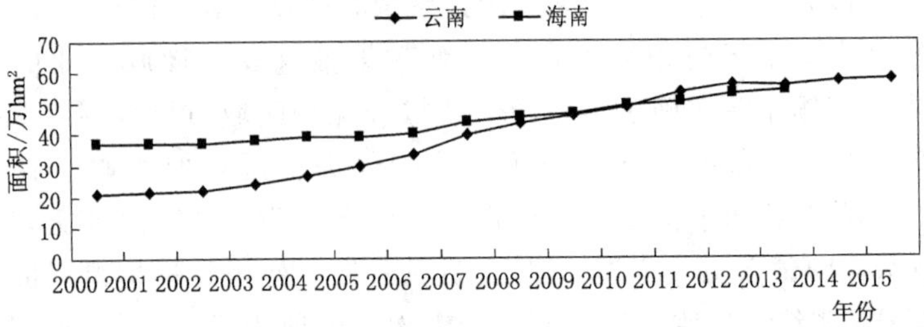

图1.5 2000—2015年云南省和海南省橡胶树种植面积变化趋势

进行。勐腊县辖7镇3乡，52个行政村，505个自然村，14.47万农村人口。各村寨人畜饮水工程主要有架设水管到户的集中供水和井水。工程投资有中央、省、州、县各级政府安排的农村人畜饮水项目资金、以工代赈项目资金、易地搬迁项目资金、整村推进项目资金、边境民族贫困乡扶持项目资金以及申请单位补助、下乡工作队赞助、群众投工投劳等多种渠道。对人饮工程勐腊县在实施过程中严格按照《农村实施〈生活饮用水卫生标准〉准则》规定选择水源，根据有关规范、标准的要求以及当地经济发展水平和全面建成小康社会的需要，高标准高质量地完成工程建设。

项目执行过程中，根据勐腊县水务局等部门的有关资料，主要对勐腊县瑶区乡、勐伴镇、勐仑镇、易武乡部分村寨进行了走访调查，与村干部和村民进行了交流。当地村干部和村民普遍反映，近年来村寨周围作为饮用水源的小河、小溪的来水量明显减少，特别是旱季经常断流；另外随着人口增多和生活方式的改变，村民的用水量不断增加，造成供水量不能满足用水需求的局面。而近年来连续干旱、原有的水源林面积大幅度减少则是造成供水量减少的主要原因，也是致使一些村寨出现严重缺水问题的根源。

位于海拔1300多米的易武乡易武村村委会的高山村小组，现有90户380名彝族同胞。过去这里绿树成荫，溪水潺潺，一幅宁静、祥和的田园风光。在人类活动剧烈影响下，溪水断流时有发生，村民常常为了用水发生争执。雨季村民靠收集雨水维持基本生产生活，旱季则3～5户人家共用一台抽水机，从较低的小水塘抽水用，既不卫生又增加了群众负担，给村民生产生活带来很多不便。许多村民反映，饮用水短缺与村寨周围橡胶林大面积扩张几乎是同时出现的，特别是许多村民将寨子周围原有的水源林砍伐后种植橡胶林，寨子周围的泉水干枯，作为水源的小河、溪流来水量减少，旱季断流随之而来。基于此，有些村民已自发地砍掉了原来在水源涵养林地种植的橡胶树，恢复为水源涵养林。

第 2 章　西双版纳景观破碎化时空演变与生态安全格局

生态安全格局是国家生态安全的基础和载体（姜坤，2015）。党的十八大将生态安全格局构建作为生态安全的战略目标之一，党的十九大提出建立生态安全屏障体系和生态网络。我国“十三五”把生态安全格局规划作为绿色发展内容之一，“十四五”要求保护和恢复生态并举。

景观破碎化导致景观空间分布不均匀，导致物种生境破碎化、孤岛化，给生物多样性保护带来消极影响。生态安全格局的优化可以改善现有生态环境带来的负面影响，为区域提供更好的综合生态系统服务，促进生态系统的平衡稳定和区域生态可持续性，进而维护区域生态安全（陈影 等，2016；杨亮洁 等，2020）。

热带森林是陆地生态系统中生物多样性最丰富的生态系统（漆良华 等，2014），在生物物种保护等方面的作用和影响独一无二。随着人地矛盾不断加剧，全球热带森林面积迅速减少，森林景观破碎化加剧，大量生物栖息地遭到破坏，生物物种间的交流被打断，生物多样性保护及维持面临挑战（Jorge et al.，2013；邓志云 等，2019），是全球正在面临且迫切需要解决的生态环境问题，热带森林生态系统亟须生态安全格局构建与优化。

西双版纳是国际上重要的生物多样性保护中心，也是我国生物多样性最丰富的地区之一，同时还是云南省生态空间格局“三屏两带”的重要组成部分（朱华 等，1997）。与 2009 年相比，2018 年林地面积减少了 98.11 万 hm^2，林地转换为灌木林和橡胶林，热带雨林斑块快速消失，加剧了区域景观破碎化（魏莉莉 等，2018；孙玉梅 等，2020）。通过科学合理地布局生态安全格局，构建绿色生物廊道，桥接孤岛化的生境空间，明确生态安全格局的核心环节，识别出关键的生物栖息地进行积极保护，提升生态系统稳定性和生态功能，并落实到区域内部的具体空间位置，削弱景观破碎化诱发的生态环境问题，增强生态空间的整体性和连通性，使其达到一个较为稳定的生态空间结构，对维持区域生态系统稳定和平衡，促进生态可持续发展具有科学意义。

2.1　数据来源与研究方法

2.1.1　研究区概况

西双版纳州位于北纬 21°10′～22°40′、东经 99°55′～101°50′，处于北回归线以南的热带北部边缘，面积 19124.5km^2，辖景洪市、勐海县和勐腊县，其东北、西北与普洱市接壤，东南与老挝相连，西南与缅甸接壤，国境线长 966.3km。气候类型以热带季风气候为主。地貌以高度被切割的山原地貌为主，州内最高点在勐海东北部的滑竹梁子（海拔 2429.5m），最低点在勐腊县良各脚西南的澜沧江河谷（海拔 470m）。根据第七次全国人口普查数据，截至 2020 年 11 月 1 日零时，西双版纳常住人口为 130.14 万人。西双版纳是中国热带生态系统保存最完整的地区，素有“植物王国”“动物王国”“生物基因库”“植物王国桂冠上的一颗绿宝石”等美称，是国家级生态示范区、国家级风景名胜区、联合国生物多样性保护圈成员、联合国世界旅游组织旅游可持续发展观测点。

2.1.2　数据来源

2.1.2.1　遥感地物分类数据

以 1991 年、2000 年、2010 年和 2019 年 Landsat TM/OLI 遥感数据作为描述西双版纳州景观破碎化分析的基础数据，主要用于景观地物分类，在此基础上进行长时间序列的景观破碎化变化特征分析。为保证地物的时相一致以及西双版纳州橡胶林地物的可分性，综合考虑数据可用性以及橡胶林的物候特征，选取成像时间为每年 1—3 月且云量小于 10%的遥感影像。卫星影像数据的条带号分别为 129045、130044、130045 和 131045，见表 2.1。

表 2.1　　西双版纳州 Landsat 遥感数据信息

年份	数据类型	条带号	日　期	年份	数据类型	条带号	日　期
1991	Landsat5 (TM)	129045	1991-02-19	2010	Landsat5 (TM)	129045	2010-02-23
		130044	1991-01-25			130044	2010-02-14
		130045	1991-02-10			130045	2010-02-14
		131045	1991-02-17			131045	2010-03-25
2000	Landsat5 (TM)	129045	2000-02-12	2019	Landsat8 (OLI)	129045	2019-03-20
		130044	2000-03-06			130044	2019-02-07
		130045	2000-01-18			130045	2019-02-07
		131045	2000-03-13			131045	2019-03-18

2.1.2.2　其他辅助数据

（1）DEM 数据。运用 DEM 数据提取坡度、坡向等空间信息，数据来源于 GDEM，空间地理坐标系为 WGS-1984，空间分辨率为 30m。

（2）气象数据。气象数据来源于中国气象数据共享网和美国国家海洋和大气管理局（National Oceanic and Atmospheric Administration，NOAA）全球气象站数据网，包括日均温和日降水量数据等。收集了景洪、勐海、勐腊、孟连、澜沧、思茅、江城、夜丰颂（泰国）、清莱（泰国）、琅勃拉邦（老挝）、山萝省（越南）2010—2019年气象数据。将以上气象数据进行空间插值获得研究区的空间气象数据，基于改进后的Hargreaves模型计算区域潜在蒸散发量（ET_0）。

（3）土壤数据。土壤深度、砂粒、粉粒、黏粒、有机质等数据，来源于世界土壤数据库中西双版纳土壤数据集（1∶100万土壤数据）。

（4）自然保护区数据。自然保护区数据来源于保护地球网，西双版纳的自然保护区数据包括国家级和县级两个级别的自然保护区。

（5）基础地理数据。基础地理数据包括国道、省道、高速公路、主要河流等基础数据集，来源于Open Street Map。

（6）夜间灯光数据。NPP-VIIRS数据从NOAA数据中心官网上获得，空间分辨率为1km。下载该数据集中2019年西双版纳州的月产品数据，经过异常值剔除、地理校正等预处理，得到2019年西双版纳州的NPP数据，用于基础阻力面校正对比。

（7）NDVI数据。在GEE平台下载2019西双版纳州Landsat数据年平均NDVI指数，空间分辨率为30m，用于生态敏感性评价。

所有数据均在ArcGIS 10.5软件支持下进行地理校正和投影转换，并将数据的空间分辨率调整为30m×30m，地理坐标统一为WGS-1984，投影方式为WGS-1984-UTM-Zone-47N，以方便模型的像元叠加运算和各栅格像元的图层匹配。

2.1.2.3 谷歌地球样本验证数据

谷歌地球（Google Earth）是美国谷歌公司于2005年6月推出的地球数字化平台，大部分基础数据由高空间分辨的卫星影像组成。基于谷歌影像选取西双版纳研究区的分类样点，提取了林地、橡胶林、耕地、水体、建设用地5类，用于土地利用/覆被变化的基础数据验证。

2.1.3 研究方法

2.1.3.1 Landsat数据预处理

美国航空航天局下载得到的Landsat系列数据level-1产品已经经过几何校正处理，不需要再对数据进行几何校正，但需要对原始像元数据的地物光谱反射率值进行预处理，得到真实的地物光谱反射率值，包括辐射定标和大气校正。辐射定标采用ENVI 5.3软件中提供的辐射定标模块（Radiometrc_Clibration）完成。采用FLAASH（Fast line-of-sight atmospheric analysis of spectral hypercubes）模型进行大气校正，以消除大气和光照对地表地物反射值的影响，从而获得地物反射值等的真实参数。

2.1.3.2　土地利用/覆被分类

景观型反映土地覆被类型、土地利用方式和人类活动对区域的干扰程度，因此可以通过土地利用分类结果直接表示为景观类型。参考《土地利用现状分类》（GB/T 21010—2017），利用 SVM 分类器，将研究区的景观类型分为林地、耕地、橡胶林、水体、建设用地 5 类［图 2.1（a）～（d）］。分类样本主要是由训练样本和验证样本两部分组成，以 2：1 的比例进行抽取，并生成 15m 半径的空间缓冲区，训练样本用于地物分类，验证样本用于分类后精度评价。遵循样点分布的均匀性、分散性、合理性，根据地类的空间分布等信息确定样本数量，共计选取 653 个样本，各样点的数量信息见表 2.2。

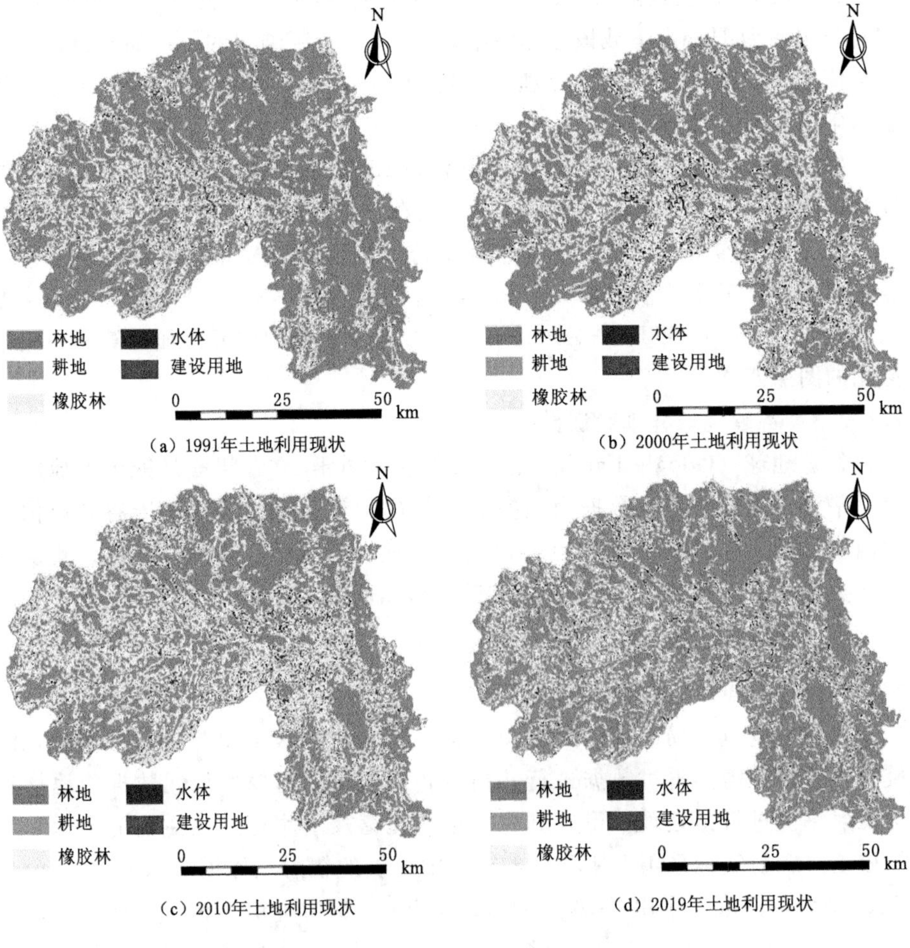

（a）1991年土地利用现状

（b）2000年土地利用现状

（c）2010年土地利用现状

（d）2019年土地利用现状

图 2.1　西双版纳州 1991—2019 年土地利用现状

表 2.2 西双版纳州样点数量分布 单位：个

地类名称	训练样本	验证样本	总 计
林地	246	115	361
橡胶林	60	29	89
耕地	115	57	172
水体	12	6	18
建设用地	9	4	13
总计	442	211	653

采用混淆矩阵评价分类精度，1991 年、2000 年、2010 年、2019 年的总体精度分别为 85.14%、87.17%、88.31%和 85.98%；Kappa 系数分别为 0.83、0.86、0.84 和 0.81，分类精度满足研究需要。

2.1.3.3 DEM 数据

利用 ArcGIS 10.5 中的空间分析工具，基于 DEM 数据提取研究区的地表空间信息。

2.1.3.4 景观破碎化指数

选取斑块密度（PD)、景观破碎度指数（CI)、景观形状指数（LSI)、最大斑块指数（LPI)、聚集度指数（AI)、分离度指数（DIVISION)、景观多样性指数（SHDI)、景观均匀度指数（SHEI）测算景观破碎化指数，各景观指数的计算方法见表 2.3（邬建国，2007）。由于不同的原始指标具有不同的单位和不同的变化量，在分析评价之前采用极差标准化方法将各景观破碎化指数标准化，以消除各指标的量纲影响（徐建华，2017）。其中，最大斑块指数（LPI)、聚集度指数（AI）为负向指标，其余景观破碎化指数为正向指标。

表 2.3 景观破碎化指数信息描述

景观格局指数	计 算 公 式	取 值 范 围
斑块密度（PD)	$PD=\frac{n_i}{A}\times 10000\times 100$	PD>0
景观破碎度指数（CI)	$CI=\frac{N_i}{A_i}$	0≤CI≤1
景观形状指数（LSI)	$LSI=\frac{\sum_{k=1}^{m} e_{ik}}{4\sqrt{A}}$	LSI≥1
最大斑块指数（LPI)	$LPI=\frac{\max_{j=1} a_{ij}}{A}\times 100$	0<LPI<100
聚集度指数（AI)	$AI=\frac{g_{ii}}{\max g_{ii}}$	0≤AI≤100
分离度指数（DIVISION)	$DIVISION=1-\sum_{j=1}^{m}\left(\frac{a_{ij}}{A}\right)^2$	0<DIVISION≤100

续表

景观格局指数	计算公式	取值范围
景观多样性指数（SHDI）	$SHDI = -\sum_{i=1}^{m} p_i \ln(p_i)$	SHDI≥0
景观均匀度指数（SHEI）	$SHEI = \frac{-\sum_{i=1}^{m}[p_i \times \ln(p_i)]}{\ln m}$	0≤SHEI≤100

2.1.3.5 最佳空间尺度选取方法

基于 Fragstats 4.2 软件，选取 PD、SHDI、SHEI、CI 四个景观格局指数作为目标分析指数，比较研究景观空间幅度的差异性，确定最佳空间尺度（邱廉 等，2017）。基于 Fragstats 4.2 软件的移动窗口法和 GS+7.0 软件的半变异函数确定空间幅度尺度。

2.1.3.6 样线及样点选取

基于 ArcGIS 软件，以澜沧江为中心样线，沿河流向两侧做间隔 300m 的缓冲区（周丽丽 等，2020），将整个西双版纳州划分为 53 个西北—东南走向缓冲带，再设置一条以景洪市所在的澜沧江江心为中心点且穿越景洪市区的与各样带中心线垂直的西南—东北走向样线。将各样带中心线和西南—东北走向样线的交点作为取样点，将澜沧江中心所在样点记为样点 0，将研究区澜沧江东北部的样点自澜沧江向东北方向依次编号为样点 1，样点 2，…，样点 27；将研究区澜沧江西南部的样点自澜沧江向西南方向依次编号为样点－1，样点－2，…，样点－25，共计获取 53 个样点。在最佳空间尺度下，基于 Fragstats 4.2 软件分别计算各样点景观指数，提取缓冲带与样线交点上的景观破碎化指数值进行梯度分析。

2.1.3.7 景观破碎化综合指数构建

各景观破碎化指数在区域空间尺度上的变化存在规律性和差异性，无法通过单个景观破碎化指数较好地表征研究区景观破碎化时空异质性，将景观破碎化指数进行归一化处理，运用熵权法计算各景观破碎化指数权重，基于加权求和方法构建景观破碎化综合指数：

$$FI_{com} = a \cdot AI_{nor} + b \cdot CI_{nor} + c \cdot DIVISION_{nor} + d \cdot LPI_{nor} + e \cdot PD_{nor} + f \cdot LSI_{nor} + g \cdot SHDI_{nor} + h \cdot SHEI_{nor} \quad (2.1)$$

式中：FI_{com} 为综合破碎化指数；PD_{nor}、CI_{nor}、LSI_{nor}、LPI_{nor}、AI_{nor}、$DIVISION_{nor}$、$SHDI_{nor}$、$SHEI_{nor}$ 分别为斑块密度（PD）、景观破碎度指数（CI）、景观形状指数（LSI）、最大斑块指数（LPI）、聚集度指数（AI）、分离度指数（DIVISION）、景观多样性指数（SHDI）、景观均匀度指数（SHEI）归一化处理后的数值；a、b、c、d、e、f、g、h 分别为各景观破碎化指数的权重。

运用极差标准化方法将计算得到的综合景观破碎化指数（FI_{com}）标准化：

$$FS_i = \frac{FI_i - FI_{min}}{FI_{max} - FI_{min}} \tag{2.2}$$

式中：FS_i 为西双版纳州的景观破碎化综合指数的标准化值，其范围为［0，1］；FI_{max} 为研究区景观破碎化综合指数的最大值；FI_{min} 为研究区景观破碎化综合指数的最小值。

参考景观脆弱性评价方法（徐超璇 等，2020）和生态环境评价方法（徐涵秋，2013），将西双版纳州的景观破碎化综合指数等间距划分为微度破碎化（［0，0.2］）、轻度破碎化（（0.2，0.4］）、中度破碎化（（0.4，0.6］）、重度破碎化（（0.6，0.8］）和极度破碎化（（0.8，1］）5个等级。

2.1.3.8 空间自相关性分析

运用空间自相关分析方法分析西双版纳州景观破碎化指数的集聚类型和差异的显著性水平。采用全局空间自相关莫兰指数（Moran′s I）衡量西双版纳州景观破碎化指数空间分布的相互关联度。运用局部自相关指数（LISA）进行局部空间自相关分析，用来描述某个区域单元周围显著的相似值区域单元之间的空间集聚程度（徐建华，2017）。

2.1.3.9 生态源地选取及生态系统服务和生态敏感性测算

1. 生态源地选取

生态源地是指能够提供较大生态功能和生态服务的斑块，是区域发展过程中满足生态安全需要的最少生态用地（梁发超 等，2018）。作为生物物种聚集中心，生态源地在维持生态系统结构和提供生物栖息地方面发挥重要作用。基于生态系统服务叠加生态敏感性运算得到综合生态源地，通过热点分析提取热点区域作为生态源地。

由于通过综合生态源地识别出的生态斑块具有斑块化、破碎化、空间连续性较低的特点，采用热点分析法，基于空间统计聚类分析，将生态系统服务和生态敏感性的高值（低值）区域进行空间聚类，剔除破碎斑块，聚合相邻近斑块，形成规模较大的生态斑块。在此基础上，考虑生物物种的活动范围，如亚洲象活动空间为50～500km^2（陈颖 等，2019），提取大于50km^{2}栖息地面积作为重要生态源地。

2. 生态系统服务测算

选取生境质量、碳存储、土壤保持因子、产水量四项指标，运用InVEST模型测算生态系统服务。

（1）生境质量模型。生境质量是能够为物种提供生存、发展条件的生态系统服务，通过生境质量指数表达其优劣，具体表现为各种生境类型与土地利用影响的空间距离和人类对于土地的干扰强度（刘智方 等，2017）。生境质量指数基于不同类型的土地利用方式，在此基础上通过寻找出生境威胁性因子以及外界威胁因子指标，综合考虑各种类型的胁迫源在特定的时空区域范围内能够对一定空间距离的生物多样性产生影响强弱的结果值（荆田芬 等，2016）。运用 InVEST 模型相关模块，计算生境以外的威胁因子以及生境本身的敏感性，综合评判区域内生境质量等级，生境质量越高的区域，生态环境的质量越好，生物物种多样性和完整性也越高（李胜鹏 等，2020）。计算公式如下：

$$Q_{xj}=H_j\left[1-\left(\frac{D_{xj}^z}{D_{xj}^z+K^z}\right)\right] \tag{2.3}$$

$$D_{xj}=\sum_{r=1}^{R}\sum_{y=1}^{Y_x}\left(\frac{w_x}{\sum_{r=1}^{R}w_r}\right)r_y i_{rxy}\beta_x S_{jx} \tag{2.4}$$

式中：Q_{xj} 为土地利用类型生境质量值；D_{xj} 为土地利用类型 j 中栅格 x 的生境退化程度；K 为半饱和常数；H_j 为土地利用类型 j 的生境适宜度；R 为胁迫因子数量；Y_x 为威胁因子占的栅格数；w_x 为胁迫因子权重；r_y 为栅格中 y 胁迫因子值；i_{rxy} 为栅格 y 对于 x 的胁迫水平；S_{jx} 为生境类型 j 对胁迫因子 r 的敏感性。

在 InVEST 模型中，由于不同的胁迫源对土地利用类型的影响范围和强度不同，模型参数提供了影响土地利用类型的距离测算方法，分别为指数衰退和线性衰退两种方法：

指数衰退：
$$i_{rxy}=\exp\left[-\left(\frac{2.99}{d_{r\max}}\right)d_{xy}\right] \tag{2.5}$$

线性衰退：
$$i_{rxy}=1-\frac{d_{xy}}{d_{r\max}} \tag{2.6}$$

式中：d_{xy} 为栅格 x 和 y 之间的距离，km；$d_{r\max}$ 为胁迫 r 的最大影响距离，km。

根据研究区 2019 年的土地利用分类数据（栅格大小为 30m×30m）和西双版纳州实际情况，参考云贵地区的研究（孙兴齐，2017；Huang et al.，2020）和 InVEST 模型文件对西双版纳州的威胁因子及胁迫参数（表 2.4），以及生态景观对威胁因子的敏感度（表 2.5），选取受人类活动影响较大的建设用地（urbc）、耕地（crop）、橡胶林（rubber）、道路（road）作为威胁源。

（2）碳存储模型。碳存储是生态系统中植物地上和地下生物有机碳、凋落物有机碳以及土壤有机碳存储的总和，一定程度上反映区域生态系统的生产能力，表征生态系统对碳排放的承载能力。运用 2019 年土地利用分类数据，基于 InVEST 模型测算不同生态景观类型中包含死亡有机质、土壤碳库、

表 2.4　　威胁因子及胁迫参数表

威　胁　源	影响最大距离/km	权　　重
建设用地	5.0	1.0
耕地	1.0	0.2
橡胶林	0.5	0.5
道路	3.0	0.6

表 2.5　　生态景观对威胁因子的敏感度

威胁因子	生境	建设用地	耕地	橡胶林	道路
林地	1.0	0.6	0.4	0.3	0.6
橡胶林	0.8	0.5	0.35	0.3	0.5
耕地	0.5	0.5	0	0	0.6
水体	1.0	0.6	0.8	0.25	0.2
建设用地	0	0	0	0	1.0

地上生物量及地下生物量四大碳库的平均碳密度参数，并计算各景观类型的总碳存储量。InVEST 模型中碳固存测算公式为

$$C_S = C_{S_{above}} + C_{S_{below}} + C_{S_{soil}} + C_{S_{dead}} \tag{2.7}$$

式中：C_S 为总碳储量，t/hm²；$C_{S_{above}}$ 为地上碳储量，t/hm²；$C_{S_{below}}$ 为地下碳储量，t/hm²；$C_{S_{dead}}$ 为死亡有机质碳储量，t/hm²；$C_{S_{soil}}$ 为土壤碳储量，t/hm²，各碳储量由碳密度与面积相乘所得。

参考 InVEST 模型手册以及 Liu 等（2020）对西双版纳州的研究得到的碳密度参数见表 2.6。

表 2.6　　西双版纳州碳密度参数表　　单位：t/hm²

土地利用类型	地上碳储量	地下碳储量	土壤碳储量	死亡有机质碳储量
林地	51.18	10	42.4	40
橡胶林	23.7	3	29.4	5
耕地	12	1	28.5	1
水体	0	0	21	0
建设用地	5	1	25.6	0

（3）土壤保持因子。在 InVEST 模型中，采用泥沙输移模块计算土壤保持量，该模块基于像元尺度，采用通用土壤流失方程计算得到土壤保持量（景可 等，2010）。

$$USLE = R \times K \times LS \times C \times P \tag{2.8}$$

$$RKLS = R \times K \times LS \tag{2.9}$$

式中：$USLE$ 为实际的土壤流失，t/(hm^2 · a)；$RKLS$ 为潜在的土壤流失，t/(hm^2 · a)；R 为降水侵蚀力，(MJ · mm)/(hm^2 · hm^2)；K 为土壤侵蚀因子；LS 为坡度坡长因子；C 为植被覆盖因子；P 为水土保持措施因子。

采用式（2.10）测算降水侵蚀力因子（R 因子）：

$$R = \sum_{i=1}^{12} 73.989 \times \left(\frac{p_i^2}{p_a}\right)^{0.7387} \tag{2.10}$$

式中：R 为年降水侵蚀力，(MJ · mm)/(hm^2 · hm^2)；p_i 为月均降水量，mm；p_a 为年均降水量，mm。

采用式（2.11）测算土壤可蚀因子：

$$\begin{aligned} K_{EPIC} = {} & 0.1317 \times \left\{0.2 + 0.3\exp\left[-0.0256SAD\left(1-\frac{SIL}{100}\right)\right]\right\} \times \left[\frac{SIL}{CLA+SIL}\right]^{0.3} \\ & \times \left\{1-\frac{0.25C}{C+\exp(3.72-2.85C)}\right\} \\ & \times \left\{\frac{0.7(1-SAD/100)}{1.0-(1-SAD/100)+\exp[-5.51+22.9(1-SAD/100)]}\right\} \end{aligned} \tag{2.11}$$

式中：SAD、SIL、CLA 和 C 分别为砂粒、粉粒、黏粒和有机碳含量，%。

由于计算出来的 K_{EPIC} 值与我国的土壤特征值存在偏差，通过张科利等（2007）提出的 K_G 公式校正 K 值的计算值，得到土壤侵蚀因子 K_G：

$$K_G = -0.01383 + 0.51575K_{EPIC} \tag{2.12}$$

采用式（2.13）测算植被覆盖因子（C）：

$$\begin{cases} C=1 & (f_c=0) \\ C=0.6508-0.3436Lg(f_c) & (0<f_c\leqslant 78.3\%) \\ C=0 & (f_c>78.3\%) \end{cases} \tag{2.13}$$

式中：C 为植被对土壤的控制因子；f_c 为植被覆盖度。

采用 Zhou 等（2005）的研究成果作为西双版纳州土地利用在特定水土保持措施下的植被覆盖因子（C）和水土保持措施因子（P），见表 2.7。

表 2.7　InVEST 模型特定水土保持措施下的植被覆盖因子和水土保持措施因子参数

土地利用类型	植被覆盖因子	水土保持措施因子
林地	0.01	0.7
橡胶林	0.06	0.65
耕地	0.27	0.29
水体	0	0.2
建设用地	0.2	0.16

坡度坡长因子（LS）。将 DEM 数据输入 InVEST 模型中进行自动填洼处理，进而提取坡度坡长因子（LS），如图 2.4（c）所示。

（4）产水量模型。运用 Budyko 水热耦合平衡模型（Budyko，1974），基于栅格像元降水量、潜在蒸散量、植物可利用含水率、土壤和根系深度的综合函数测算产水量：

$$\left.\begin{aligned} Y_x &= \left(1-\frac{AET_x}{P_x}\right)\cdot P_x \\ \frac{AET_x}{P_x} &= \frac{1+W_xR_x}{1+W_xR_x+1/R_x} \\ W_x &= Z\times\frac{AWC_x}{P_x} \\ R_x &= \frac{K_xET_{0x}}{P_x} \end{aligned}\right\} \tag{2.14}$$

式中：Y_x 为年产水量，mm；AET_x 为年蒸散量，mm；P_x 为年降水量，mm；R_x 为干燥指数；W_x 为植物年需水量和年降水量的比值；Z 为 Zhang 系数；AWC_x 为土壤有效含水量（植物可利用含水量），mm；ET_{0x} 为潜在蒸散发量，mm；K_x 为参考作物蒸散发系数。

其中，植物可利用含水量（AWC_x）根据周文佐等（2003）的算法计算得到；年降水量（P_x）为基于 2010—2019 年西双版纳州及其周围的气象站点（11 个），通过克里金空间插值方法得到的西双版纳州的多年平均年降水量；多年平均潜在蒸散发量（ET_0）采用改进后的 Hargreaves 模型计算得到；土壤深度来源于世界土壤数据库数据，由 ArcGIS 导出得到；不同植被的根深数据基于 InVEST 模型参数，结合土壤深度数据和土地利用类型计算得到；基于 FAO 的蒸散发系数和 Zhou 等（2005）的研究参考值计算得到参考作物蒸散发系数值（K_x）。各种土地利用类型的生物物理量参数见表 2.8。季节性参数（Zhang 系数，Z）是区域降水量水文特征的特定参数，其取值范围为 1～30，其大小由降水的事件数的均匀度决定（Zhang et al.，2004），Z 的表达式为 $Z=0.2N$（N 为每年降水的事件数）。

表 2.8　InVEST 模型产水量模型中各种土地利用类型的生物物理量参数

土地利用类型	植被根深/mm	参考作用蒸散发系数
林地	7000	1
橡胶林	6000	1
耕地	700	0.65
水体	1000	1
建设用地	500	0.3

3. 生态敏感性测算

选取高程、坡度、植被指数、土地利用类型、距水体距离、距保护区距离 6 个因子作为生态敏感性的评价指标（表 2.9），采用多因子叠加分析法（朱东国 等，2015）测算生态敏感性：

$$C_i = \sum_{i=1}^{n} N_i W_i \tag{2.15}$$

式中：C_i 为生态敏感综合性指数；N_i 为生态因子敏感赋值；W_i 为各个因子权重。

表 2.9　　生态敏感性评价指标

评价因子	不敏感	轻度敏感	中度敏感	重度敏感	极度敏感	权重
	1	3	5	7	9	
高程/m	390～822	822～1061	1061～1301	1301～1580	1580～2428	0.165
坡度/(°)	0～10	10～17.5	17.5～24.7	24.7～33	>33	0.165
植被指数	<0.20	0.20～0.48	0.48～0.65	0.65～0.78	>0.78	0.15
土地利用类型（李益敏 等，2017）	建设用地	耕地	橡胶林	水体	林地	0.19
距水体距离/m（李益敏 等，2018）	>2000	1500～2000	1000～1500	500～1000	<500	0.165
距保护区距离/m（张玥 等，2020）	>2000	1000～2000	500～1000	200～500	<200	0.165

其中，高程、坡度、植被指数采用自然间断法划分成 5 级，其余生态敏感性指标参考李益敏等（2017，2018）及张玥等（2020）的相关研究。将单因子的敏感性划分为极度敏感、重度敏感、中度敏感、轻度敏感和不敏感 5 级，并分别赋值为 9、7、5、3、1。采用层次分析法确定各生态因子权重。

2.1.3.10　生态阻力面校正

生态阻力是生态源地之间的物质交换、能量传输或生物迁徙等生态过程所受到的阻碍，阻力值的大小受到自然条件和人类活动的共同影响（李青圃 等，2019）。以土地覆被类型为基础设立基础阻力系数（R），通过相对的阻力大小值，将阻力值设定为 1～9，1 表示不会受到景观阻力值影响，9 表示受到景观阻力值影响最大（黄鑫 等，2019）。随着人类对土地开发利用强度的增加和城市化的快速发展，人类活动对景观斑块的改造作用越来越明显，尤其表现在迅速改变景观结构和构成方面，而景观破碎化综合指数可在一定程度上反映人类活动对区域景观的干扰作用，因此采用景观破碎化综合指数区域修正景观阻力面，并与基于夜间灯光数据的阻力面校正值进行比较。

$$R_i = RF_{comi} \tag{2.16}$$

式中：R_i 为修正后的阻力系数；R 为基本阻力系数值；F_{comi} 为标准化处理后的景观破碎化综合指数。

2.1.3.11 生态廊道判别

生态廊道是不同源地斑块之间生态流交换的阻力值较小路径通道，对生态环境中生态物质的流动具有重要作用（李航鹤 等，2020）。采用 ArcGIS 成本距离分析模块中 Linkage Mapper 计算景观生态廊道。

2.1.3.12 生态节点的识别

生态节点是连接不同源地斑块之间生态功能最为薄弱的地方，是生态流通过的脆弱地带，在景观空间中处于重要的节点位置，对生态能量流动具有重要作用（彭建 等，2018）。将生态节点分为战略节点、断裂节点和暂歇节点（张玥 等，2020）。战略节点可分为资源战略节点和生态战略节点，资源战略节点主要位于较大型的生态斑块（源地）的几何中心点或重心点；生态战略节点是景观阻力面上的最强阻力通道与生态廊道的交点。生态断裂节点是生态廊道和主要交通干道（国道、省道、高速公路）与人类居住点的交点。生态暂歇节点是生态廊道之间相互连接的交点，作为生物物种进行中转、暂歇的交点，同时也是生态流的中转地带，起到“脚踏石”和“桥接”的作用。

2.2 西双版纳景观破碎化时空演变

2.2.1 景观破碎化指数最佳空间尺度及相关性

2.2.1.1 景观破碎化指数最佳空间尺度

以 1991 年的景观分类数据作为基础数据，基于方形窗口半径的移动窗口法，采用等间距递增法以 200m 为起始值、2000m 为终点值、200m 为步长，划分为 200m、400m、600m、800m、1000m、1200m、1400m、1600m、1800m 和 2000m 共 10 个不同等级窗口。在 200～2000m 的窗口尺度下分析 PD、CI、SHDI、SHEI 4 个景观破碎化指数的空间变异特征，比较不同大小窗口的块基比变化以选取稳定的窗口特征尺度。结果显示，粒度为 400m 时，块基比达到峰值，600m 以后的块基比相对稳定，因此将 600m 作为研究区景观格局的特征分析尺度（图 2.2）。

2.2.1.2 各景观破碎化指数间相关性

表 2.10 为西双版纳州斑块密度（PD）、景观破碎度指数（CI）、景观形状指数（LSI）、最大斑块指数（LPI）、聚集度指数（AI）、分离度指数（DIVI-

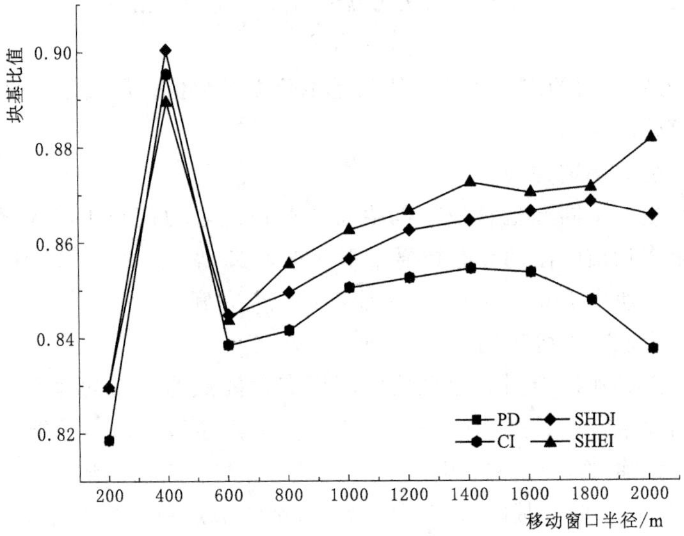

图 2.2　不同移动窗口半径的块基比变化特征

SION)、景观多样性指数（SHDI)、景观均匀度指数（SHEI）两两之间的 Pearson 相关系数。结果表明，8 个景观破碎化指数相关性均大于 0.8，在 0.01 显著性水平上呈现出显著相关关系。因此，将 8 个景观破碎化指数均用于西双版纳州景观破碎化程度的时空演变分析。

表 2.10　景观破碎化指数 Pearson 相关系数

项目	PD	LSI	CI	AI	DIVISION	SHDI	SHEI	LPI
PD	1							
LSI	0.904	1						
CI	0.999	0.904	1					
AI	−0.877	−0.986	−0.877	1				
DIVISION	0.856	0.962	0.856	−0.923	1			
SHDI	0.886	0.952	0.866	−0.892	0.982	1		
SHEI	0.813	0.921	0.813	−0.873	0.969	0.963	1	
LPI	−0.807	−0.934	−0.807	0.902	−0.985	−0.953	−0.937	1

2.2.1.3　样线带上景观破碎化指数梯度变化

在 600m 最佳空间尺度的基础上，提取样带线上的景观破碎化指数进行空间变化分析。图 2.3 是 53 个样点上聚集度指数（AI）和最大斑块指数（LPI）在近 30 年变化特征。结果显示，1991—2019 年期间，53 个样点 AI 的均值自 98.79 下降到 98.26，整体下降速度为 0.018/a，说明景观空间上斑块聚集程

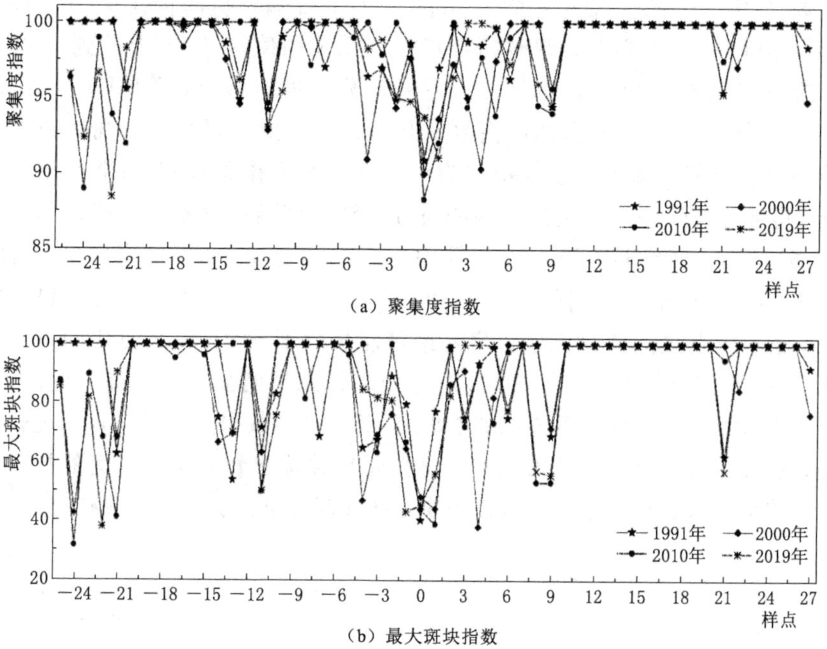

(a) 聚集度指数

(b) 最大斑块指数

图 2.3　聚集度指数（AI）和最大斑块指数（LPI）沿样带线变化特征

度下降，景观朝着破碎化方向发展；LPI 均值从 90.51 下降到 87.83，整体下降速度为 0.089/a，说明研究区大型斑块的面积减小，景观斑块数量持续增加，景观完整性遭到分解。从空间上来看，以澜沧江为中心点，1991 年和 2019 年澜沧江西南部指数 AI 均值分别较东北部低 0.55 和 1.16；1991 年和 2019 年西南部指数 LPI 均值分别较东北部低 3.68 和 2.03，说明澜沧江西南部景观聚集度小于东北部，最大斑块指数减小，斑块的面积也减小，澜沧江西南部景观破碎化高于东北部。指数 AI 和指数 LPI 在－24 样点、－21 样点、－11 样点、0 样点、9 样点、11 样点出现波谷，总体呈波动降低趋势，相比其他样点，指数 AI 在 1991—2019 年期间分别平均下降了 4.65、4.63、6.3、9.22、5.3 和 2.89，指数 LPI 在 1991—2019 年期间分别平均下降了 31.41、34.42、41.16、55.5、37.59 和 21.43，0 样点波动幅度最大，说明 0 样点处景观空间破碎化程度最大，这是由于 0 样点处于景洪市区，其快速城镇化过程和非林地快速扩张加强了区域景观破碎化程度，其他下降幅度较大的样点位于县城或人口相对集中的高强度人类活动区域，剧烈的人类活动加强了区域景观破碎化程度。指数 AI 和指数 LPI 高值样点所在区域多为高海拔山地地区，人类活动扰动强度低，景观类型以林地为主，景观格局较完整，景观破碎度低。

图 2.4 是 1991—2019 年期间 53 个样点上景观破碎度指数（CI）和分离

度指数（DIVISION）变化特征。由图 2.4 中可知，从时间上来看，1991—2019 年期间，53 个样点景观破碎度指数（CI）均值从 2.29 上升到 2.85，说明景观空间上斑块朝着破碎化方向发展；分离度指数（DIVISION）均值从 7.24 上升到 8.72，景观分离度指数呈升高趋势，指示研究区景观破碎度呈上升趋势。从空间上来看，以澜沧江为中心点，其西南部样点 CI 指数和 DIVISION 指数略高于东北部地区，说明研究区澜沧江西南部景观破碎化程度高于东北部。CI 指数和 DIVISION 指数均在－24 样点、－21 样点、－14 样点、－11 样点、－4 样点、0 样点、4 样点、9 样点、21 样点和 27 样点出现峰值，以－4 至 4 样点之间的变化最密集，这可能是由于－4 至 4 样点之间位于景洪市区，区域人类活动对景观斑块的改造作用越来越明显，景观破碎化加剧；9 样点、21 样点和 27 样点的 CI 指数和 DIVISION 指数呈上升趋势，可能是由于耕地扩张及以橡胶林为主的人工经济林扩张导致优势景观类型之间的景观连通性逐渐降低，各斑块类型被切割，斑块之间逐渐分离，加剧了景观破碎化。

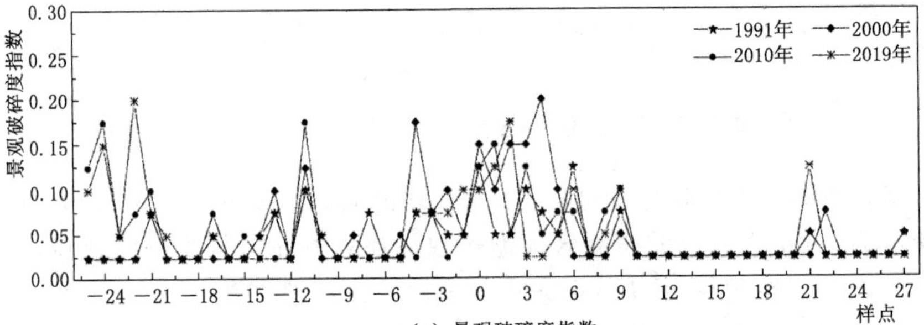

(a) 景观破碎度指数

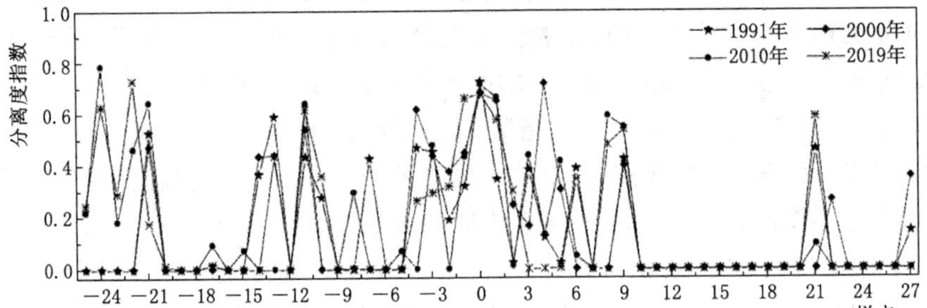

(b) 分离度指数

图 2.4　景观破碎度指数（CI）和分离度指数（DIVISION）沿样带线变化特征

图 2.5 是 1991—2019 年期间样带线各样点景观形状指数（LSI）和斑块密度（PD）沿样带变化特征。由图 2.5 可知，1991—2019 年期间，53 个样点 LSI 指数均值自 1.19 上升到 1.26，PD 指数均值自 4.32 上升到 5.37，说明景观形状指数和斑块密度指数持续增加，空间上景观斑块朝着复杂化方向发展；

从空间上来看，以澜沧江为中心点，其西南部样点 LSI 指数和 PD 指数均略高于东北部，说明研究区澜沧江西南部景观破碎化程度高于东北部。LSI 指数和 PD 指数均在第－24 样点、－21 样点、－14 样点、－11 样点、－4 样点、0 样点、4 样点、9 样点出现峰值，表明这些样点所在区域斑块破碎化程度相对其他样点更剧烈。LSI 指数和 PD 指数均在第－4 至 4 样点之间的峰值较为密集，指示该区域剧烈且密集的人类活动扰动，导致该区域景观类型多样，斑块密度较大，区域景观破碎化程度较高。

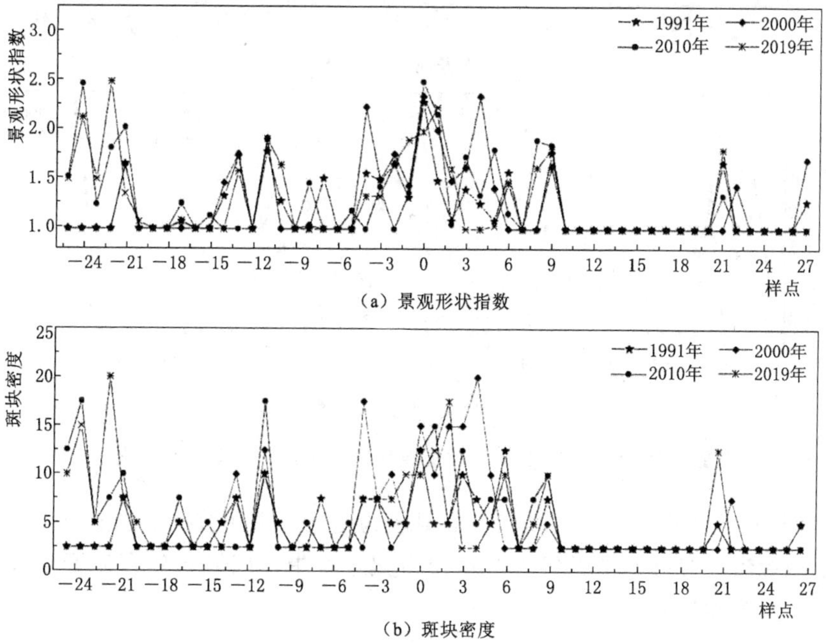

图 2.5 景观形状指数（LSI）和斑块密度（PD）沿样带线变化特征

图 2.6 是 1991—2019 年期间样带线各样点景观多样性指数（SHDI）和景观均匀度指数（SHEI）变化特征。从时间上来看，1991—2019 年期间，SHDI 指数均值从 0.19 上升到 0.25，SHEI 指数均值从 0.26 上升到 0.27，说明空间上景观斑块受到人类活动的影响呈现出多样化特征；从空间上来看，以澜沧江为中心点，其西南部 SHDI 指数和 SHEI 指数均略高于东北部，说明研究区澜沧江西南方向样点景观多样性、复杂性程度高于东北向样点，西南部地区样线带上景观多样性和景观复杂程度相对较高。

SHDI 指数和 SHEI 指数均在第－24 样点、－21 样点、－14 样点、－11 样点、－4 样点、0 样点、4 样点、9 样点出现峰值，表明这些样点所在区域景观丰富度和景观复杂程度相对其他样点更高。SHDI 指数和 SHEI 指数均在

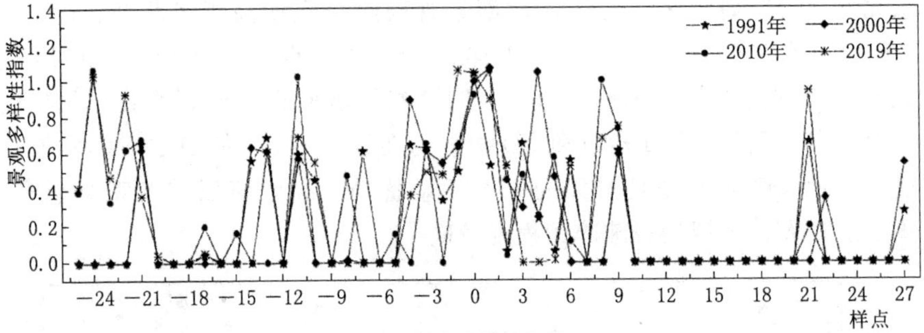

（a）景观多样性指数

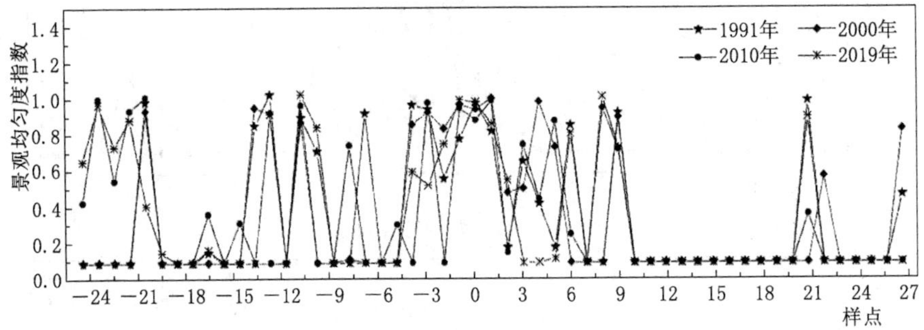

（b）景观均匀度指数

图 2.6　景观多样性指数（SHDI）和景观均匀度指数（SHEI）沿样带线变化特征

第－4 样点至 4 样点之间的峰值较高且较为密集，说明该区域剧烈且密集的人类活动扰动，有可能是近年来快速城市化过程中，区域自然资源开发和利用加剧了景观类型多样化。

2.2.2　西双版纳州景观破碎化综合指数时空变化

表 2.11 为西双版纳州不同破碎化程度景观面积及比例，图 2.7 为 1991—2019 年西双版纳景观破碎化综合指数时空分布特征。结合表 2.11 和图 2.7，总体来看，西双版纳州以微度破碎化景观面积占比最高，其次依次是轻度破碎化、中度破碎化、重度破碎化和极度破碎化景观面积。1991—2019 年期间，西双版纳州微度破碎化景观面积呈减少趋势，轻度破碎化和中度破碎化景观面积呈增加趋势。其中 1991—2010 年期间重度破碎化和极度破碎化景观面积呈上升趋势；2010—2019 年期间微度破碎化和轻度破碎化景观面积增加，而中度破碎化、重度破碎化和极度破碎化景观面积逐渐减少，区域平均景观破碎化指数降低，说明区域景观正逐步恢复。这是由于党的十八大以来，在“生态文明”建设的国家战略政策指导下，加大了生态环境保护和恢复力度，推动了受人类活动影响较剧烈地区的环境保护和恢复。

表 2.11　　西双版纳州不同破碎化程度景观面积及比例

等　级		微度破碎化	轻度破碎化	中度破碎化	重度破碎化	极度破碎化
1991 年	面积/hm^2	1261462.23	252319.59	290544.75	71006.4	2217.06
	比例/%	67.19	13.44	15.47	3.78	0.12
2000 年	面积/hm^2	1085099.22	342575.01	365313.06	82303.56	2259.18
	比例/%	57.79	18.25	19.46	4.38	0.12
2010 年	面积/hm^2	998791.02	375409.17	403703.82	97049.52	2596.5
	比例/%	53.20	19.99	21.50	5.17	0.14
2019 年	面积/hm^2	1017404.91	383691.69	397438.11	76598.39	2416.92
	比例/%	54.19	20.44	21.17	4.08	0.12

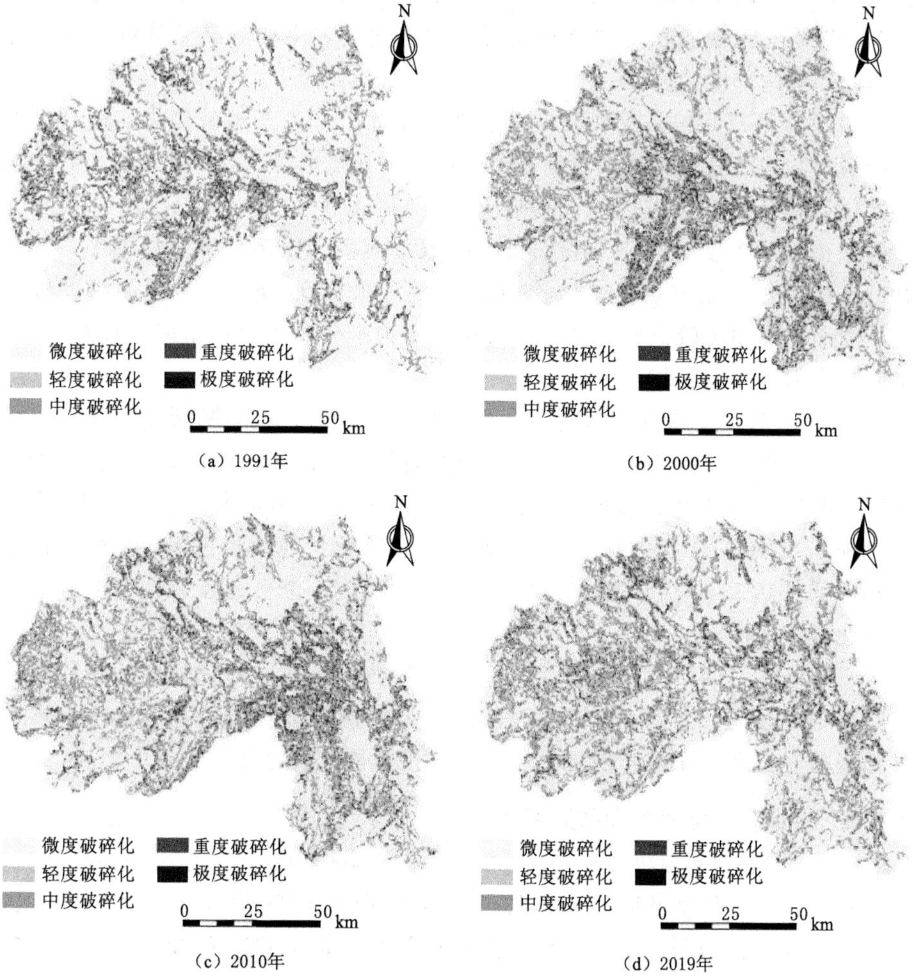

图 2.7　西双版纳景观破碎化综合指数时空分布

1991 年西双版纳州景观破碎化指数均值为 0.15，其中微度破碎化面积最大，占研究区总面积的 67.19%，是西双版纳州景观破碎化类型的重要组成部分，其次分别是中度破碎化、轻度破碎化、重度破碎化和极度破碎化景观面积。微度破碎化景观主要集中在研究区中部、北部地区以及东南部地区，中部、北部地区自然保护区较集中，分布着较大面积的天然林，景观破碎化程度最低。

2000 年西双版纳州景观破碎化指数均值为 0.22，景观破碎化程度较 1991 年上升了 0.07，处于轻度破碎化状态。1991—2000 年期间，微度破碎化景观面积占区域总面积比例最高，达 57.79%，但微度破碎化景观面积占区域面积比例降低了 9.439 个百分点，而轻度、中度和重度破碎化景观面积占区域面积的比例分别增加了 4.81 个百分点、3.98 个百分点和 0.60 个百分点，中度和重度破碎化景观面积增加比较显著。破碎化景观主要分布于景洪市区、勐龙镇西部和南部地区。

2010 年西双版纳州景观破碎化指数均值为 0.22，景观破碎化加剧趋势得以遏制，其中微度破碎化景观面积占区域面积比例最高，达 53.20%，但微度破碎化景观面积占区域面积比例较 2000 年降低了 4.60 个百分点，而轻度、中度、重度和极度破碎化景观面积占区域总面积的比例分别增加了 1.745 个百分点、2.04 个百分点、0.79 个百分点和 0.02 个百分点，轻度和中度破碎化景观面积增加比较显著。破碎化景观主要集中分布于景洪市南部和东南部，勐腊县中部和北部区域。

2019 年西双版纳州景观破碎化指数均值为 0.21，区域景观破碎化程度呈减缓趋势。微度破碎化景观面积占区域总面积比例最高，达 54.19%，且微度破碎化和轻度破碎化景观面积占区域总面积比例较 2010 年提高了 0.99 个百分点和 0.44 个百分点，中度、重度和极度破碎化景观面积占区域总面积比例分别降低了 0.33 个百分点、1.09 个百分点和 0.04 个百分点，说明区域景观破碎化程度降低。

总体来看，1991—2019 年期间，西双版纳州景观破碎化加剧的整体趋势未得到根本改变。因此，合理开发利用区域资源推动和维持社会经济发展与加强区域生态环境保护和恢复仍然是今后相当长时期的重要任务。

2.2.3　景观破碎化综合指数时空差异性

2.2.3.1　全局空间自相关分析

在最佳窗口尺度基础上，将西双版纳州划分为 52050 个 600m×600m 的正方形渔网，作为研究差异性变化的最小单元。基于 GIS 的渔网空间分析工具、区域小分区几何统计以及空间要素属性连接等功能，将研究区 1991 年、

2000 年、2010 年和 2019 年景观破碎化综合指数值按单元格网统计实现景观破碎化综合指数在 600m×600m 空间格网上的表达。运用 ArcGIS 空间统计分析工具，测算得出西双版纳州景观破碎化综合指数空间分布的 Moran′s I 指数、Z 值得分和 P 值得分。西双版纳州 1991 年、2000 年、2010 年和 2019 年景观破碎化综合指数的 Moran′s I 指数分别为 0.521、0.533、0.500 和 0.498，呈现出先增加（2000 年）后减少（2019 年）的波动变化趋势，且 Moran′s I 的 Z 值分别为 235.52、240.99、226.17 和 225.22，P 值均为 0.000，说明 1991 年、2000 年、2010 年和 2019 年景观破碎化综合指数存在显著的空间正相关关系，表明各景观破碎化综合指数空间分布上存在着较强的空间相关性，景观破碎化越高的区域周围也具有较高的景观破碎化趋势，符合地理学空间相关性定律。从时间上看，各时间段景观破碎化综合指数呈波动下降变化趋势，说明相邻近的景观空间破碎化指数变量的属性值处于不断变化状态，景观破碎化差异性仍在持续变化。

2.2.3.2 局部空间自相关分析

图 2.8 是基于西双版纳州景观破碎化综合指数的局部空间自相关分析得到的 LISA 集群图。由图 2.8 可知：1991 年景观破碎化指数在空间分布上低-低集聚和高-高集聚表现显著。景观破碎化指数的低-低集聚区域主要分布于景洪市北部勐养镇和勐旺乡，勐腊县的勐腊镇中东部、尚勇镇南部，勐海县南部布朗乡中西部，这部分区域受人类活动影响较小，景观受干扰程度低，景观完整程度较高；景观破碎化指数的高-高集聚区域主要分布于景洪市坝区、勐龙镇、勐罕镇，勐海县县城，勐腊县县城、勐捧镇，该区景观破碎化的主要原因包括城市用地扩张和橡胶林大面积种植等人类活动的影响。从研究区整体空间来看，西部地区景观破碎化程度高于东部，南部地区景观破碎化程度高于北部。

2000 年西双版纳州景观破碎化指数在空间分布上表现出高-高集聚区域呈自西向东、自北向南持续扩张的趋势。其高-高集聚区主要分布于景洪市中部和南部、勐龙镇、景哈乡、勐罕镇、关累镇、勐捧镇、勐满镇，这是由于快速城市化过程中，大量占用耕地和砍伐区内热带雨林，造成区内景观斑块发生频繁转换，导致景观破碎化程度提高；而西双版纳地区景观破碎化指数的低-低集聚区主要位于尚勇镇的尚勇自然保护区等地。

2010 年西双版纳州景观破碎化指数的高-高集聚区逐渐向中部、南部地区转移，景洪市中部、南部地区景观破碎化指数的高-高集聚区减少；勐海县景观破碎化指数的高-高集聚区增加，主要分布于勐海县西部的勐满镇、西定乡和中部的勐海镇、勐宋乡，这可能是由于茶园、香蕉种植园以及耕地面积大幅度增加，人类活动导致的用地类型转变加剧了区内景观破碎化程度；勐腊

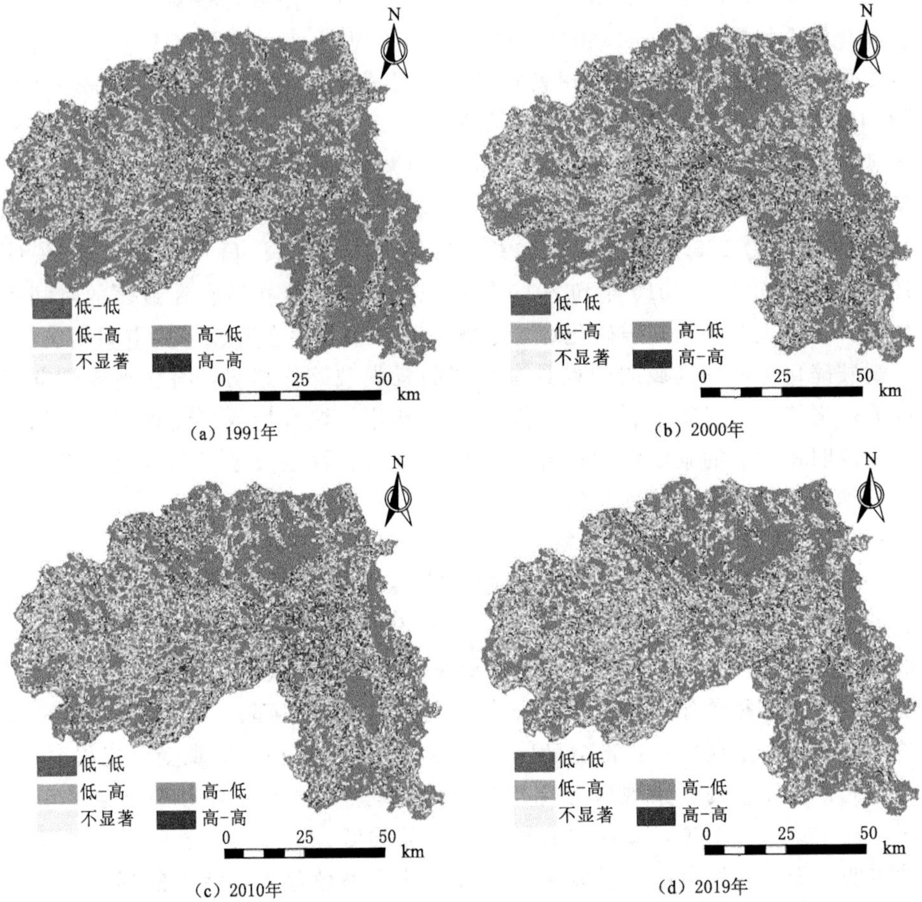

图 2.8　西双版纳州景观破碎化综合指数的局部空间自相关 LISA 集群

县景观破碎化指数的高-高集聚区主要分布于其中部、西部和北部地区，且勐腊县景观破碎化综合指数的低-低集聚区较 2000 年呈减少趋势。勐腊县南部地区橡胶种植园发展历史相对较长，橡胶园种植面积相对较大，景观类型相对较为单一且破碎化程度较低，随着橡胶种植园逐渐北扩，勐腊县景观破碎化程度较高区域逐渐向县域北部转移。

2019 年西双版纳州景观破碎化综合指数值 LISA 指数不显著集聚区域较 2010 年增加，但景观破碎化指数的高-高集聚区由南部和中部、东部地区向西部、西北部地区扩展，主要分布于勐腊县北部的象明乡、景洪市北部的基诺乡、勐海县中西部的格朗和乡和勐宋乡。这是由于一方面耕地和人工种植园（香蕉、橡胶、茶园、咖啡等）进一步扩展加剧了这些区域的景观破碎化程度；另一方面景洪市市区、勐海县勐海镇、勐腊县勐腊镇处于市级或县级行政中心，是区域经济发展的中心地段，随着城镇化进程的持续推进和社会经济的不断发展，人类的活动强度和人类活动的改造作用较大，这些地区始终都是区域景观破碎化程度的高值中心。2019 年西双版纳州景观破碎化指数的低-低集聚区大部分位于自然保护区，在保护政策的影响下，人类活动影响程度较低，成为景观破碎化指数的低值区域。

综上所述，1991—2019 年间，西双版纳州景观破碎化指数的高-高集聚区在空间上表现出自南部、中部地区向东部、西部和西北部扩展演化的特征，但高-高集聚区面积持续减少；低-低集聚区主要集中于保护区；LISA 指数不显著的区域增加，说明研究区景观破碎化区域分布不集中，破碎化的范围在不断扩张，破碎化过程依然在继续蔓延。

2.3 西双版纳生态安全格局构建与优化

生态安全格局的构建和优化可以有效缓解生态环境保护与土地利用开发之间的矛盾，为区域生态安全屏障建设和可持续发展提供重要的解决途径。生态安全格局重点在于识别生态环境重要保护区域，生态廊道连接使得破碎化的生态空间得以保持良好的连通性，促进区域间的生态系统和生物多样性保护。根据景观破碎化时空变化分析可以发现，西双版纳景观破碎化最严重的年份为 2010 年，2010—2019 年景观破碎化强度有所缓解，但景观破碎化是一个动态的过程，仍然在 2010 年破碎化的基础上继续变化。选用 2010 年景观格局现状时效性差，基于 2010 年景观格局的景观构建优化对区域生态恢复的指导意义不大，因此以 2019 年西双版纳景观格局现状为基础，基于生态系统服务功能和生态敏感性指标选取确定西双版纳生态源地，利用景观破碎化综合指数修正西双版纳基本生态阻力面，并基于综合阻力面识别出生态廊道、生态节点，优化生态空间布局，为西双版纳生态恢复和保护提供科学依据。

2.3.1 西双版纳生态系统服务功能和生态敏感性

生态系统服务空间分布格局可体现出区域内生态过程对生态安全的影响。西双版纳自然生态环境本底要素较为全面，生态功能较为完善，对于区域的气候调节、水源涵养以及提升生态保护功能乃至保障云南省的生态安全都具有不可替代的作用。在定量分析西双版纳生态系统服务的基础上，采用自然间断法将生境质量、碳固存、水土保持和产水量这四个生态系统服务要素的得分按等间距分为低、较低、中、较高、高五级。西双版纳生态系统服务要素的空间异质性特征如图 2.9 所示。

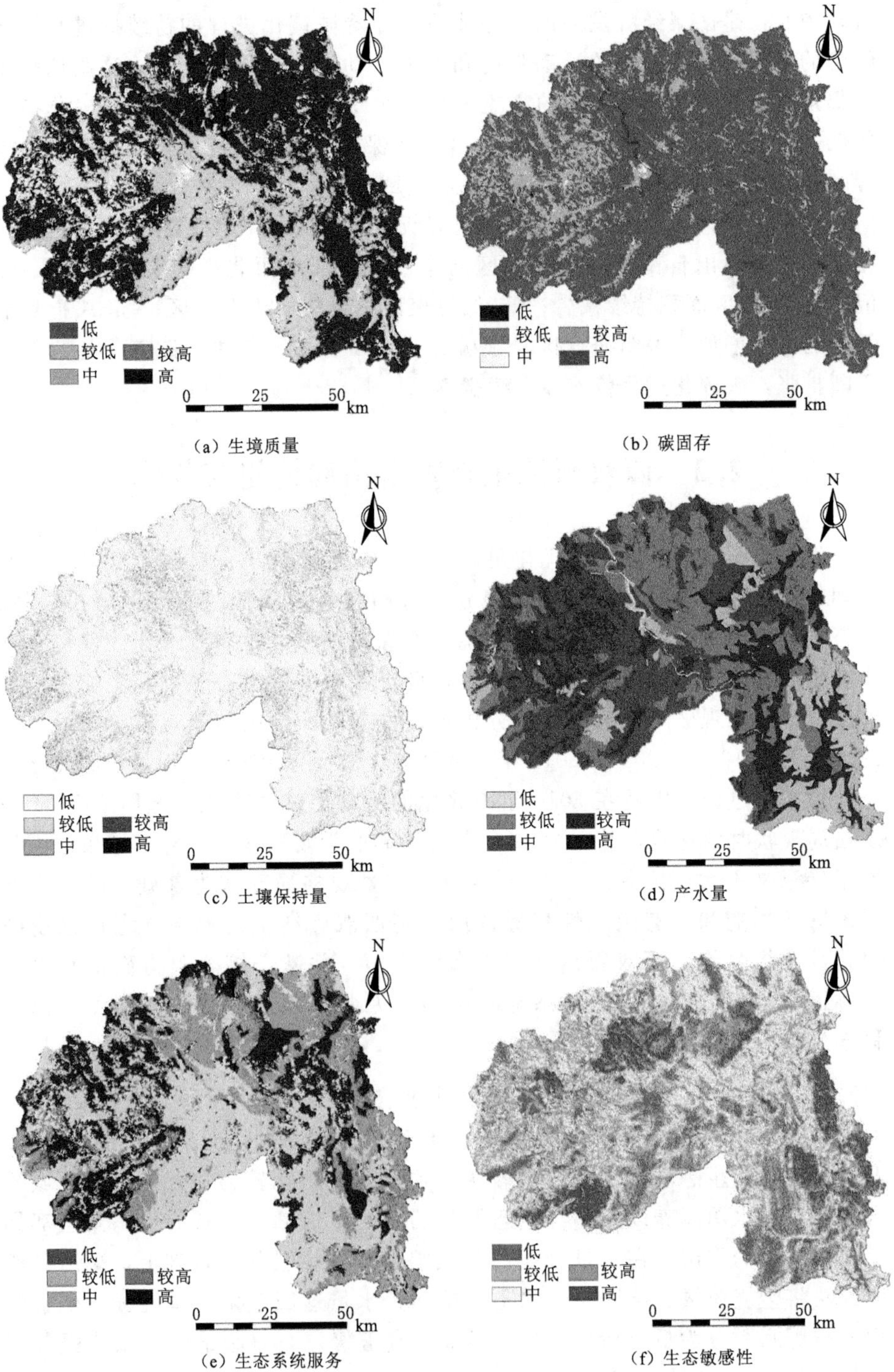

（a）生境质量　（b）碳固存　（c）土壤保持量　（d）产水量　（e）生态系统服务　（f）生态敏感性

图 2.9　西双版纳生态系统服务以及生态敏感性空间分布特征

2019年西双版纳地区生境质量指数均值为0.868，整体生境质量较高，其低等级、较低等级、中等级、较高等级、高等级生境质量区面积占比分别为0.178%、0.170%、33.046%、9.867%和56.739%［图2.9（a）］。高等级生境质量区面积占比最大，主要分布于勐海县西部和西南部、景洪市北部、勐腊县北部和中部及东南部地区；中等级生境质量区主要分布于勐海县中部、景洪市市区以及南部的勐龙镇、勐腊县西部地区，这部分区域是西双版纳地区的农业生产区，以耕地和橡胶种植园为主，植被覆盖度相对较低。较高的生境质量有利于区域生物物种的栖息地保护，有利于维持和保护区域生态系统功能和生态系统服务的平衡与稳定。

西双版纳地区碳固存以较高等级和高等级碳固存为主［图2.9（b）］，其中高等级生态碳固存面积占区域总面积的84.430%，城市建成区碳固存相对较低。西双版纳属于我国热带北缘地区，充足的降水和热量资源条件是热带雨林存在的客观自然基础，大量的生态资源、丰富的森林资源和充足的光照使西双版纳地区成为重要的碳汇和氧源。

除了保护区，西双版纳大部分地区土壤保持量较低［图2.9（c）］。土壤保持量较低的地区包括勐海县中部（如勐海镇及周围的勐混镇、勐遮镇），景洪市中部坝区及勐龙镇坝区、勐罕镇河谷地带，勐腊县中部和南部地区、勐捧镇中部坝区以及勐伴镇南部和勐满镇北部等地，这部分地区由于地势相对低平，成为受人类活动集中影响区，大量的人工耕作活动，加上大肆砍伐热带雨林和热带季雨林，发展橡胶种植园及其他经济林，植被盖度相对较低，在当地强降水作用影响下，区域性水土流失相对较严重，有必要在这部分区域采取相应的生态修复和恢复措施，降低水土流失危害。保护区的人类活动强度相对较弱，天然林植被盖度较高，林冠层丰富，林冠层和枯枝落叶层可有效削弱降水对地表的溅蚀，有效减少雨水对表层土壤的冲蚀，有利于区域水土保持，需进一步加强管理，杜绝乱砍滥伐现象，维持和推动区域生态系统稳定发展。

图2.9（d）是基于InVEST模型得出的西双版纳区域产水量空间分布图。由图可知，西双版纳区域产水量为105.42～1289.22mm，大部分区域产水量较低，表明区域水源涵养能力较强；建成区、耕地、橡胶种植园区产水量相对较多。这可能是由于在人类活动影响下，地表硬化和土壤板结显著，降水入渗减少导致产水量较高；天然林地由于林冠层及枯枝落叶层等对降水的拦截作用较强，到达地表的雨水量相对较少，同时林下土壤性质有别于耕地和橡胶种植园地区，林下水分入渗相对较高，可有效减少地表径流，提升水源涵养能力，导致林地相对其他土地利用类型区产水量较低。

西双版纳东、中部地区生态系统服务高于西部地区，较高级别生态系统服务主要集中于自然保护区及其附近［图 2.9（e）］。

西双版纳地区平均生态敏感性指数为 4.84，生态敏感性高值区分布在植被盖度较高的热带雨林地区，生态敏感性低值主要位于地形平坦开阔、人为活动影响较大的坝区城镇以及澜沧江两岸河谷地带［图 2.9（f）］。

2.3.2　西双版纳州生态安全格局构建

2.3.2.1　重要生态源地的选取

将西双版纳生境质量、碳固存、水土保持和产水量进行综合叠加运算，得到区域综合生态系统服务指数。基于热点分析法，选取热点值为 10%以上的热点区域［图 2.10（a）］作为生态系统服务源地备选区域；再将生态敏感性各指标要素进行加权叠加，采用热点分析法识别出热点值为 10%以上的热点区域［图 2.10（b）］作为生态敏感性源地备选区域；运用 ArcGIS 软件将

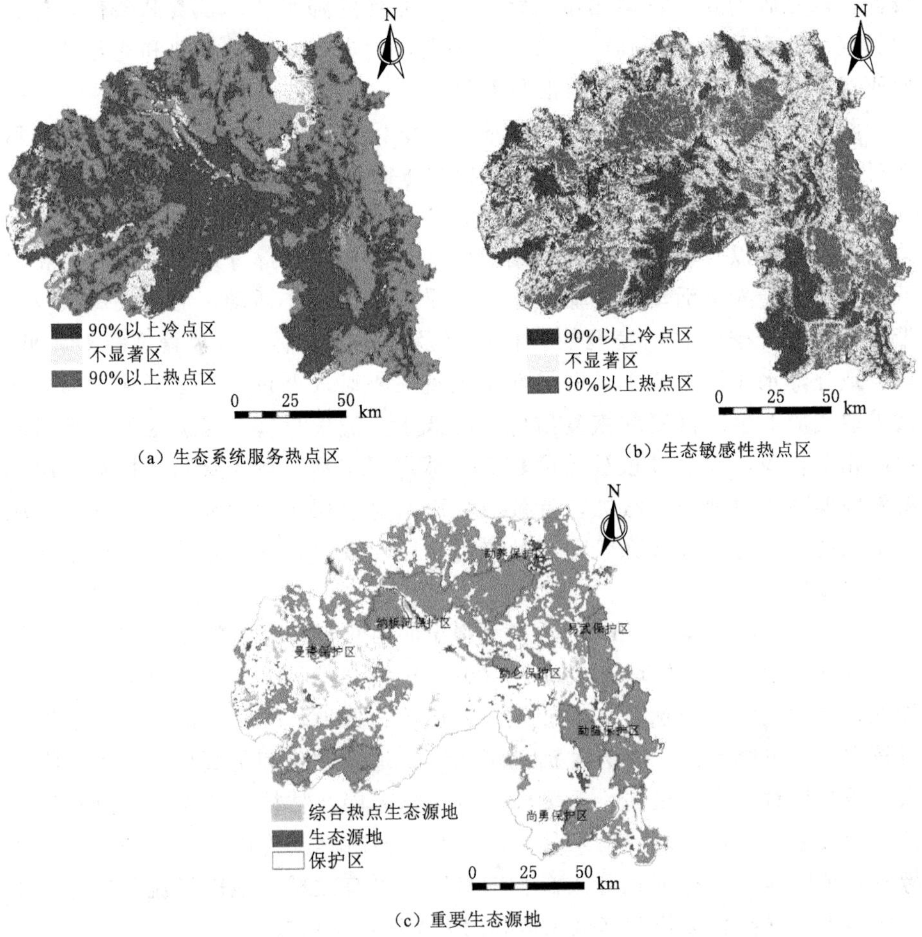

（a）生态系统服务热点区　（b）生态敏感性热点区

（c）重要生态源地

图 2.10　西双版纳综合生态源地识别与重要生态源地提取

基于综合生态系统服务和生态敏感性提取出的热点区域取并集作为综合热点生态源地［图 2.10 (c)］，提取面积大于 50km^2 的斑块作为西双版纳最终生态源地。基于热点分析法计算得到的生态系统服务热点源地面积为 7267.64km^2，占研究区总面积的 38.02%；基于热点分析法计算得到的生态敏感性热点源地面积为 5021.95km^2，占研究区总面积的 26.27%；两个生态系统服务热点源地并集的面积为 8511.28km^2，占研究区总面积的 44.52%；热点源地面积大于 50km^2 的斑块 20 个，总面积为 7709.56km^2，占研究区总面积的 40.33%。将西双版纳州的自然保护区与生态源地叠加进行重合性检验，结果表明提取的生态源地与 8 个自然保护区的重合面积为 3458.73km^2，重合度为 89.92%（西双版纳自然保护区总面积为 3846.24km^2），表明通过生态系统服务和生态敏感性选取的生态源地科学合理。

从生态源地的空间分布看，提取得到的生态源地主要集中在自然保护区界内，主要位于景洪市中北部勐养镇、勐腊县中东部及南部地区、勐海县北部和东南部地区。景洪市、勐腊县和勐海县境内生态源地面积分别为 2588.68km^2、3243.74km^2 和 1875.66km^2。从生态源地构成的类型来看，研究区 90.68%的生态源地来源于天然林地，5.36%的生态源地来源于耕地，3.96%的生态源地来源于橡胶林，水体和建设用地占比较少。这说明当前西双版纳已有部分生态源地在一定程度上遭受了人类活动的影响，属于生态用地的冲突区域，这部分区域应该受到重视，并尽快采取相应措施，有效合理地安排生态保护和生态恢复行动。

2.3.2.2 生态阻力面的校正

图 2.11 是西双版纳景观生态阻力面校正结果对比图。基于夜间灯光数据矫正获得的生态阻力面［图 2.11 (a)］，主要反映了城市扩展导致的生态阻力；基于景观破碎化综合指数校正获得的生态阻力面［图 2.11 (b)］，生态阻力呈现自南向北递减的趋势，与基于夜间灯光数据矫正获得的生态阻力面中城市扩展所形成的高值区较一致，但基于景观破碎化综合指数校正获得的生态阻力面可进一步反映受人类耕作和种植活动影响的耕地和橡胶林种植园所形成的生态阻力高值区，能更全面地反映人类活动对景观生态斑块的影响，说明基于夜间灯光数据校正的生态阻力面数据整体表达效果不如基于景观破碎化综合指数校正的生态阻力面。从区域生态阻力值的空间分布可知，由于人类活动对地表的改造作用，勐腊县西部、景洪市南部地区的耕地和大量的橡胶林种植园是生态阻力高值区，橡胶种植园的扩张以开垦和砍伐天然林为基础，导致该区域景观破碎化加剧，从侧面反映出人类活动对区域景观的剧烈扰动。

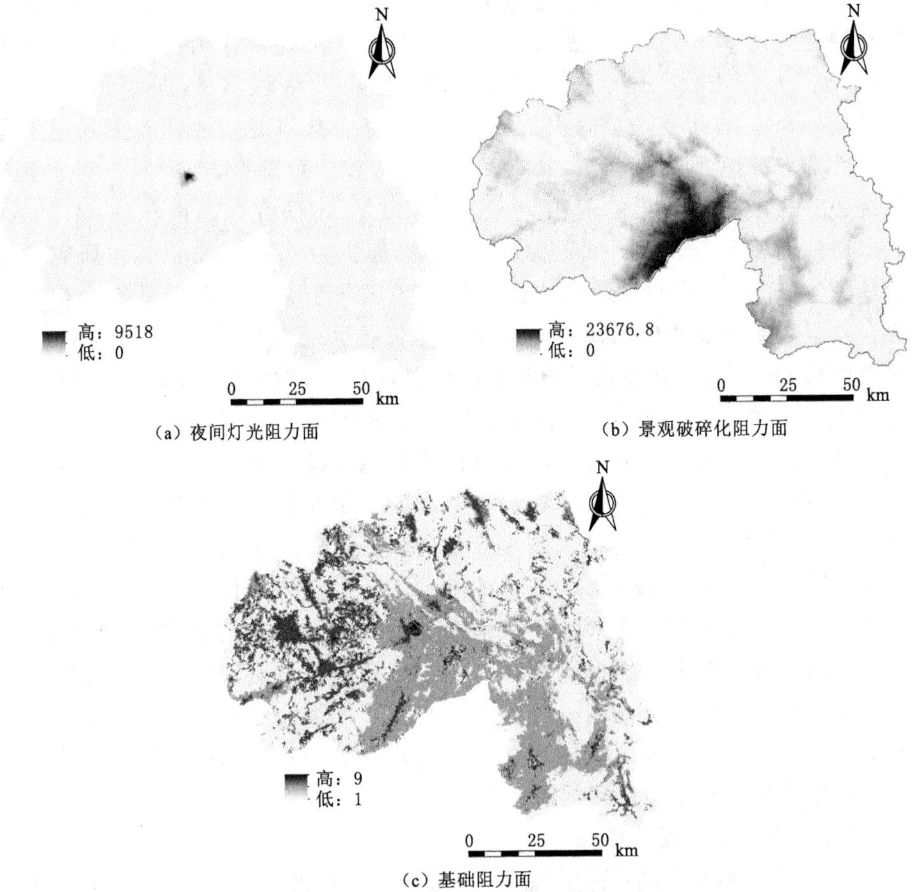

（a）夜间灯光阻力面　（b）景观破碎化阻力面

（c）基础阻力面

图 2.11　西双版纳景观生态阻力面校正结果对比

2.3.2.3　生态廊道的判别

为进一步探究基于景观破碎化综合指数校正的生态阻力面在研究区的适用性，分析比较了基于景观破碎化综合指数和夜间灯光数据校正方法获取的最小累计阻力面识别得到的生态廊道的结构特征（图 2.12）。

从生态廊道的数量和空间分布来看，基于景观破碎化综合指数构建的生态廊道有 41 条，生态廊道总长度为 910.32km，大多分布于林地，呈现出大半环和小环状相结合的空间形态且空间连接度较好，其中尚勇保护区-勐腊保护区和勐腊保护区-勐养保护区构成了两个大的环形廊道，勐养保护区-纳板河保护区-曼稿保护区-布龙保护区构成半环状廊道，这是由于景洪市南部人类活动强度较大，形成了较显著的生态阻力面，不利于生态廊道的连接，今后应有意识地连接彼此孤立的生态廊道，促进陆地生物物种的迁徙及生态能

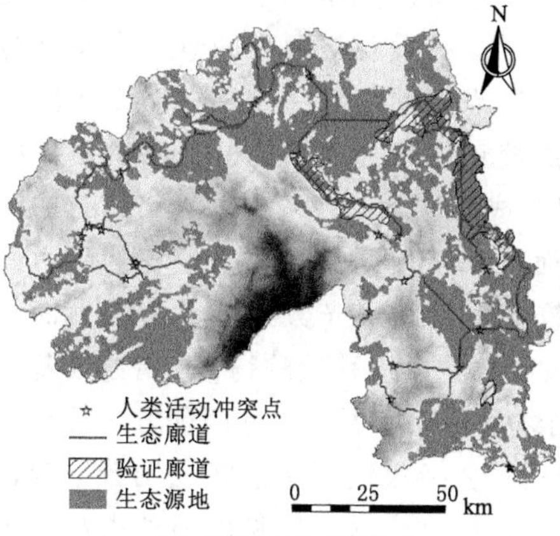

（a）景观破碎化廊道分布

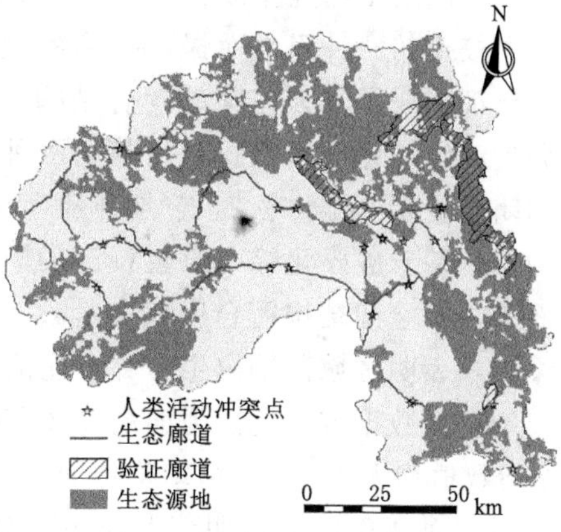

（b）夜间灯光廊道分布

图 2.12 基于景观破碎化指数与夜间灯光数据的生态廊道分布示意图

量的扩散。基于夜间灯光数据校正得到的生态廊道共计 37 条，生态廊道总长度为 702.69km。受夜间灯光数据灯光指数的影响，生态廊道的空间分布避开了人类活动密集区，连接了分散在城市周围的生态源地，廊道空间分布于景洪市市区四周、勐腊县中部勐仑保护区四周以及勐海县中西部地区，其生态廊道的数量和长度不如基于景观破碎化综合指数构建的生态廊道，最终选择基于景观破碎化综合指数构建的生态廊道。在基于景观破碎化综合指数构建的生态廊道中，关键生态廊道长 278.59km，潜在生态廊道长 631.73km，以森林廊道为主，且大多穿越自然保护区形成天然的生态廊道，需要人工构建的生态廊道较少。

从两种阻力校正模型生成的生态廊道与人类活动密集区的冲突点（生态廊道与道路、建设用地的交点）来看（图 2.12、表 2.12），基于夜间灯光数据校正的阻力面识别得出的生态廊道与建设用地的冲突点及其与道路的交叉冲突点数量均远高于基于景观破碎化指数校正的阻力面识别出的冲突点数量，景观破碎化综合指数校正的生态阻力面的生态廊道提取效果优于基于夜间灯光数据。

表 2.12　两种校正模型下生态廊道与人类活动密集区冲突点

项　目	模　型	
	夜间灯光数据	景观破碎化指数
生态廊道数量/条	37	41
生态廊道长度/km	702.69	910.32
建设用地冲突点/个	10	2
道路冲突点/个	31	21

从网络结构连接度来看（表 2.13），基于景观破碎化综合指数和夜间灯光数据校正的两种阻力面提取得到的生态廊道，在景观空间中的景观生态网络结构都形成了较为完整的闭合结构，并在节点之间都有一定连接。采用网络分析法定量评价西双版纳州基于两种方法校正的阻力面构建的生态网络结构的闭合度 α、线点率 β、节点连接度 γ 以及成本比，以评价生态网络闭合的结构性。基于破碎化综合指数校正的阻力面较基于夜间灯光数据校正的阻力面而言，其空间结构闭合度较高，α 指数较基于夜间灯光数据校正的阻力面高 0.12，表明区域范围内生态廊道连接度较高，物种迁移较顺畅；β 指数较基于夜间灯光数据校正的阻力面高 0.2，其网络复杂程度更高，且两种方法校正的 β 指数值均大于 1，网络结构均为网状结构；γ 指数较基于夜间灯光数据校正的阻力面高 0.07，表明节点连接度也相应提高；成本比反映出两种指数校正的阻力面形成的廊道网络连接度有效性程度均在 0.99 以上，廊道有效性较高。总体来看，基于景观破碎化综合指数校正的生态阻力面得到的网络连接度优于夜间灯光数据。

表 2.13　两种校正模型下生态网络结构指数

项　目	破碎化阻力面	夜间灯光阻力面
闭合度 α	0.63	0.51
线点率 β	2.05	1.85
节点连接度 γ	0.76	0.69
成本比	0.999966	0.99993

将朱强等（2005）基于亚洲象、绿孔雀的实测数据在西双版纳州构建的勐腊-尚勇走廊带、勐养-小黑江-茶王树河-勐腊走廊带、勐养-勐仑走廊带的三大生态廊道作为廊道分布的最优参考，比较验证基于景观破碎化综合指数和夜间灯光数据构建的阻力面识别出的生态廊道（图 2.12）。结果表明，基于景观破碎化指数构建的生态廊道，与基于实测物种分布模拟的生态廊道重合度较高，分别在勐养-勐腊自然保护区和勐养-勐仑自然保护区之间形成生态廊道，重合廊道的总长度为 165.18km，重合度为 86.1%；基于夜间灯光数据构建的生态廊道，在勐养-勐仑自然保护区和勐腊-尚勇保护区形成两条生态廊道，重合廊道的总长度为 17.6km，重合度为 10.22%。

2.3.2.4　生态节点的识别

图 2.13 是基于最优生态廊道构建得出的西双版纳生态安全格局。由图 2.13 可知，西双版纳州识别出生态节点 75 个，其中资源型战略节点 20 个，主要位于大型生态斑块的中心位置，是生态源地的核心保护区；生态型战略节点 4 个，位于大型生态源地斑块的外围交接处，容易受到其他类型土地利

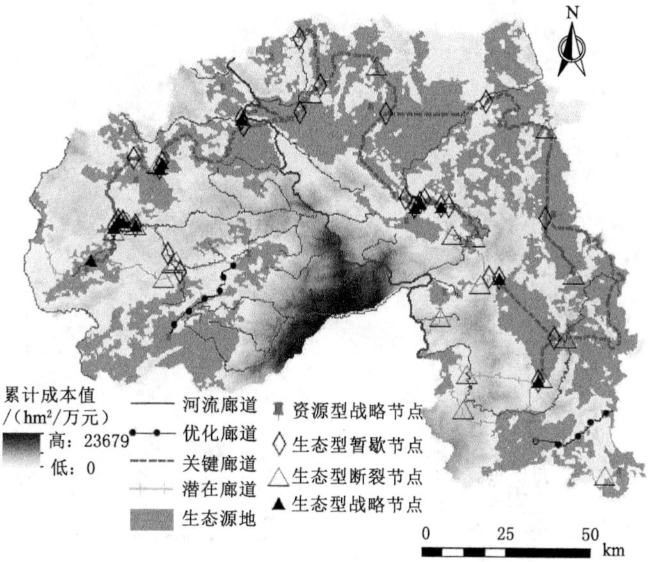

图 2.13　西双版纳景观生态安全格局

用的干扰，是生态流和生物迁徙过程中较难通过的地区，可采取建设生态源地绿带或开展退耕还林以增强生态源地的连通性，加强生态战略点保护；生态型暂歇节点 27 个，主要位于生态廊道之间的交点区域，包括林地中部或人类活动强度较高的天然橡胶林和耕地地区，这部分区域属于生态薄弱区，可以适当增加“脚踏石”小斑块形成小型生态源地，为生物物种提供短暂停留和休养生息空间，以帮助其恢复生态流过程；生态型断裂节点 24 个，主要位于生态廊道与道路和建设用地的交叉点，处于两个生态源地的中间位置，道路和建筑物切断了原有的大型生态斑块，对生态廊道上的生态流产生极大干扰，可通过修建野生动物桥梁、地下通道、桥下涵洞等工程手段建立野生动物通道，保持和加强生态廊道的连通性。

2.3.3　西双版纳州生态安全格局优化

2.3.3.1　生态空间缓冲区

随着人口增长、城市化进程加快及社会经济快速发展，人类开发利用自然资源的力度持续加强，区域自然生态环境承载力遭遇严峻挑战，区域生态安全面临重大威胁，建设和保护生态源地可有效加强和促进生态系统稳定性和保护生物多样性。基于生态系统服务和生态敏感性综合叠加后得到的栅格面，以生态源地为核心区建立缓冲区，采用生态圈层控制方法将西双版纳生态空间划分为生态冲突区、生态源地区、生态缓冲区、生态过渡区和生产开发区（图 2.14）。

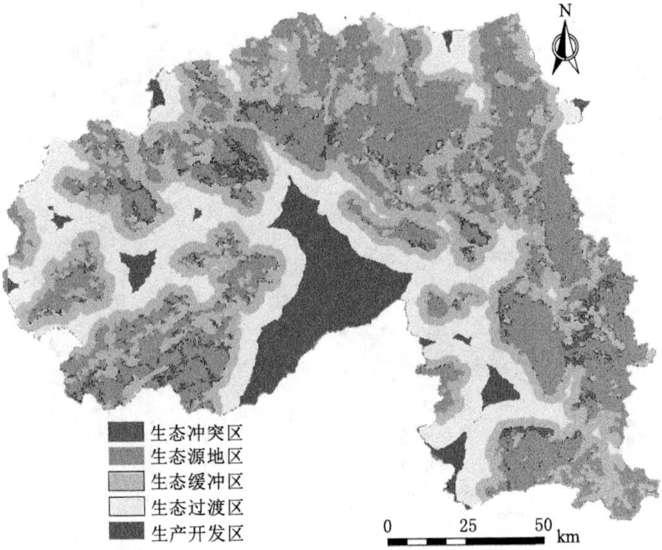

图 2.14　西双版纳生态缓冲区和生态冲突区

生态源地区是区域的优先、重点保护区域，是生态保护的关键区，也是生物多样性保护的核心圈层，应严格控制各类建设用地，禁止占用和破坏生态源地区。

生态缓冲区分布在生态源地区周围，面积 5804.65km^2。生态缓冲区是生态源地修复的调节地带，是生态源地的屏障区，对于保护生态源地的连通性和完整性具有不可替代的作用，城市土地利用规划中应将生态缓冲区纳入限制建设区范围，并建立严格的政策保障制度，减少人类活动干扰。

生态过渡区是生态缓冲区和生态开发区的中间地带，面积 3961.37km^2，需在充分考虑生态环境保护与经济发展之间矛盾的前提下，坚守生态保护红线，进行区域资源的适度开发和合理利用。实现边发展边保护，推动区域经济和自然环境的可持续发展。

生产开发区是区域内地形较为平坦的区域，面积 1639.52km^2，可适度进行城市开发建设和农业生产活动，注重集约发展与功能优化，在兼顾生态保护与社会经济健康、持续、高质量发展的总体框架下，实现边发展边保护，推动区域经济和自然环境的可持续发展。

2.3.3.2　生态源地区的优化

生态源地是生态限定区，可以看做是区域发展中满足生态安全需求的最少生态用地，设立生态源地是城市建设用地扩展与生态保护相互权衡的结果。生态源地区以保护自然生态系统为主，限制各种类型的人类活动的干扰与开发。

在现有生态安全格局的基础上，将生态源地与土地利用现状分类矢量图叠加。结果显示，生态源地组成中，天然林占 90.68%，剩余 9.32%为其他型用地（面积 718.53km^2），说明人类活动和干扰已渗入到生态源地区，核心生态用地已遭受干扰和破坏，说明人类对资源的需求和开发利用引发了人类生产生活用地和生态用地的剧烈冲突，有必要进一步优化生态源地的空间格局。将生态系统服务价值较高但已遭受人类活动干扰和破坏的生态源地划分为生态冲突区，统计得到西双版纳州景洪市、勐海县、勐腊县生态冲突区面积分别为 178.26km^2、256.31km^2 和 292.12km^2。人类社会经济生产生活的发展与生态用地之间的矛盾在所难免，基于社会经济发展的现实需要，有必要在生态文明建设的大框架下，结合实地考察研究，在部分生态冲突区因地制宜地制定包括退耕还林、封山育林在内的决策措施，加强生物物种栖息地的监测和保护，推动区域生态保护核心区——生态源地的持续建设和发展。

2.3.3.3 生态廊道的优化

在生态阻力面的基础上，剔除已构建的生态廊道，将尚未连接的相邻生态源地作为新的生态源地，提取阻力面上的全部最低阻力路径，识别得到 2 条总长 60.17km 的优化生态廊道（图 2.15）：一条是连接勐海布龙保护区与该保护区北部相隔离的生态源地的生态廊道；另一条是由尚勇自然保护区与勐腊自然保护区中间狭长地带构成的生态廊道。这两条生态廊道均连通了岛屿化的自然保护区，对生物物种在保护区之间的迁移和扩散有重要意义。

构建生态廊道需同时兼顾生物迁移和提供栖息地环境，可在生态廊道内部合理生产动物所需要的食物来源，保证动物在迁移的过程中获得充足的食物补给，同时还可诱导野生动物从廊道内部穿过，减少人类活动与野生动物之间的相互干扰和冲突。此外，考虑到部分两栖动物的迁移和流动需要依赖水域环境，而河流廊道是天然的廊道，可有效增加其通行的空间通道，因此提取区域内连接生态源地的 22 条河流作为河流生态廊道，总长 915.69km。此 22 条河流生态廊道在空间上以澜沧江为集水区，呈放射状从两岸山地汇入澜沧江，与基于生态阻力面识别并提取的生态廊道相结合，形成西双版纳州重要的生物多样性保护和生态系统综合保护生态网络格局。

2.3.3.4 生态空间布局的优化

以上述优化的生态源地、生态廊道为基础，结合西双版纳州自然生态本底特征及当前景观生态安全格局，将区域生态安全格局各要素进行整体优化布局，构建出西双版纳州生态空间“一带一廊四组团”的景观生态安全格局，如图 2.15 所示。

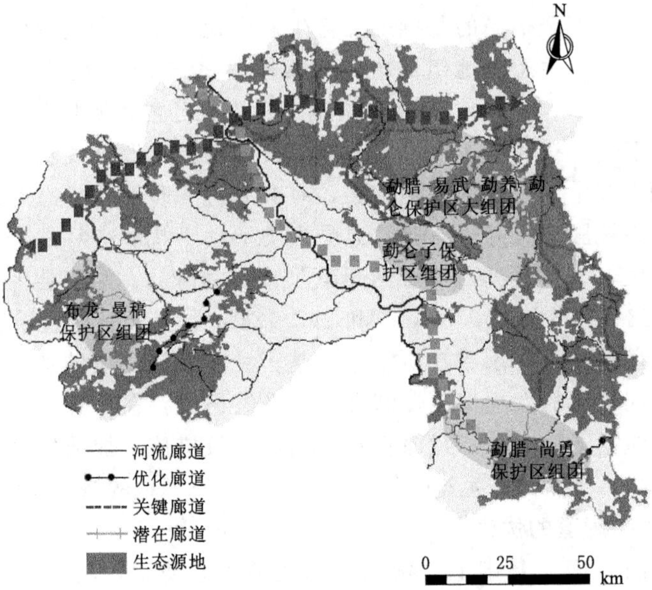

图 2.15　西双版纳生态安全空间布局优化

“一带”是指以澜沧江为中心轴，连接两侧的流沙河、南阿河、纳板河、勐养河等支流综合构成的河流生态廊道带，主要发挥生态水文连通性（输沙、泄洪）及水生生物的迁移通道作用，有必要在河流两侧建立绿色林、草地缓冲带，加强河流生态的保护，充分发挥河流的生态水文效应。

“一廊”是指自勐养自然保护区生态源地中心点开始，沿保护区内部穿越澜沧江，连接纳板河自然保护区并持续至曼稿自然保护区地带，大致形成一条连接 3 个国家自然保护区的主心廊道结构，该生态廊道大部穿越天然林内部，现存森林廊道较多，有必要加强现有保护区的保护力度，充分发挥和维持天然森林廊道的生态服务功能。

“四组团”是指布龙-曼稿保护区组团、勐仑子保护区组团、勐腊-易武-勐养-勐仑保护区大组团及勐腊-尚勇保护区组团。在自然保护区政策的影响下，保护区内部生态源地受扰动程度小，景观完整性好，是大量生物物种的首选栖息地。但保护区外部受人类活动开发干扰，大面积天然林遭到破坏，热带雨林斑块破碎化程度较高，形成较显著的自然保护区孤岛化效应，宜将区内岛屿化的自然保护区作为小型核心区，建立生态廊道将彼此孤立的生态源地连接成各个子组团，促进生物物种的交流，加强环境和生态系统的稳定性。

西双版纳州生物多样性极为丰富，生态系统十分复杂，保护生态环境和维护区域生物多样性是今后较长时期内的发展重点，通过“一带一廊”生态廊道，科学合理地连接生态源地，将其闭合组成相互联系的四大生态组团，有利于形成一个多层次、多结构、复合型的景观生态安全空间新格局。

2.3.3.5 生态空间连接度评价

参考相关研究，设定1200m为生态阻力廊道的宽度，以满足研究区大中型哺乳动物的迁徙需求；设定500m为河流天然生态廊道的宽度，以满足两栖类及湿地生物物种的保护需求，实现保护水资源、保持水文环境完整性目标（彭建 等，2017）。在此基础上创建廊道缓冲区，通过景观生态网络连接度定量评价生态空间连接度。基于距离阈值分析法计算，得到西双版纳州最优景观连接度阈值为600m。

表2.14是600m距离阈值下的景观生态廊道构建前、生态廊道构建后和生态廊道优化后的西双版纳景观生态网络连接度变化特征。由表2.14可知，600m距离阈值下，生态廊道构建后的景观连接度概率指数（PC）、景观整体性连接度指数（IIC）和景观相合一致性概率指数（LCP）较生态廊道构建前分别增加了0.75、0.13和0.67，其中PC指数提升幅度最大，表明构建生态廊道在提升景观连接度概率指数的贡献最显著；生态廊道优化后的景观连接度概率指数（PC）、景观整体性连接度指数（IIC）和景观相合一致性概率指数（LCP）较生态廊道构建后分别增加了0.01、0.03和0.01，表明优化生态廊道有利于提升西双版纳州景观整体性连接度。

表2.14　生态廊道构建前后景观连接度的变化

指　数	生态廊道构建前	生态廊道构建后	生态廊道优化后
PC	0.23	0.98	0.99
IIC	0.18	0.31	0.34
LCP	0.31	0.98	0.99

景观连接度较高的地区会有利于提升生态环境的稳定性，构建和优化西双版纳州景观格局可有效改善区域景观生态连通性，有利于降低区域景观破碎化程度，提高区域生态安全格局的稳定性。

2.4 结　　论

西双版纳州是全国生物多样性功能保护区、重点生态功能区，同时也是云南省生态格局“三屏两带”中南部边界热带森林生态屏障的重要组成部分。基于1991—2019年遥感影像数据，采用移动窗口分析法和地统计分析法筛选8个景观破碎化指数的最佳空间尺度，运用“源地-廊道-节点”生态格局框架理论，在提取生态源地、校正景观生态阻力面、识别出西双版纳州生态廊道和重要功能节点的基础上，完成西双版纳州生态功能区划分，并进行西双版纳州生态安全格局优化。研究结果如下：

(1) 1991—2019 年期间，西双版纳州景观破碎化程度整体以微度破碎化为主，但区域景观破碎化持续加剧。

与 1991 年相比较，2019 年西双版纳景观破碎化指数样线点上景观聚集度指数（AI）和最大斑块指数（LPI）分别减少了 0.53 和 2.68，景观破碎度指数（CI）和分离度指数（DIVISION）分别增加了 0.56 和 1.48；景观形状指数（LSI）和斑块密度（PD）分别增加了 0.07 和 1.05，景观多样性指数（SHDI）和景观均匀度指数（SHEI）分别增加了 0.06 和 0.01，表明 1991—2019 年间西双版纳整体景观空间破碎化程度增加。

景洪市区、县政府及乡镇政府所在地快速城市化区域，景观受人类活动影响程度较大，景观破碎化程度较高。西双版纳州景观破碎化指数样线带上，澜沧江西南部地区景观破碎化指数高于东北部地区，−24 样点、−21 样点、−14 样点、−11 样点、−4 样点、0 样点、4 样点、9 样点、21 样点和 27 样点的景观破碎化程度较高，且变化幅度较大，指示这些样点所在地景观受人类活动影响程度较大。

西双版纳州 1991 年、2000 年、2010 年和 2019 年综合景观破碎化指数均值分别为 0.15、0.22、0.22 和 0.21，呈先增加后缓慢降低的变化趋势，景观破碎化程度整体以微度破碎化为主，其中微度破碎化景观面积呈先减少后增加的变化趋势，轻度破碎化和中度破碎化景观面积呈增加趋势，重度破碎化和极度破碎化景观面积呈先增加后减少的变化趋势，西双版纳州景观破碎化持续加剧。景洪市坝区、勐龙镇、勐罕镇、勐海县县城、勐腊县县城、勐捧镇等人类活动强度较大区域是景观破碎化指数的高-高集聚区，受人类活动影响较小且热带森林斑块完整度较好的自然保护区内部是景观破碎化指数的低-低集聚区。

(2) 基于综合生态系统服务和生态敏感性提取出的热点区域取并集得到的综合热点生态源地科学合理，最终提取出面积大于 $50km^2$ 的生态源地斑块 20 个，总面积为 $7709.56km^2$，与现有自然保护区重合率为 89.92%，部分生态源地（面积 $718.53km^2$）一定程度上遭受人类活动影响，有必要尽快采取相应措施，有效合理地安排生态保护和生态恢复行动。

提取得到西双版纳州生态源地、生态缓冲区、生态过渡区和生产开发区面积分别为 $7709.56km^2$、$5804.65km^2$、$3961.37km^2$ 和 $1639.52km^2$。基于景观破碎化综合指数校正的阻力面识别出潜在生态廊道 631.73km，关键生态廊道 278.59km；提取出 75 个生态节点，其中资源型战略节点、生态型战略节点、生态型暂歇节点、生态型断裂节点分别为20个、4个、27个和24个。

在现有生态格局的基础上，优化构建尚未连接的相邻生态源地得到2条总长60.17km的生态廊道；将区域内连接生态源地的22条河流连接起来得到总长度为915.69km的河流生态廊道；以优化的生态源地、生态廊道为基础，结合西双版纳州自然生态本底特征及当前景观生态安全格局，将区域生态安全格局各要素进行整体优化布局，构建出西双版纳州生态空间“一带一廊四组团”的景观生态安全格局。生态廊道和景观空间格局优化构建后的景观连接度概率指数（PC）、景观整体性连接度指数（IIC）和景观相合一致性概率指数（LCP）较生态廊道构建前分别增加了0.67、0.13和0.75，生态廊道优化后的景观连接度概率指数（PC）、景观整体性连接度指数（IIC）和景观相合一致性概率指数（LCP）较生态廊道构建后分别增加了0.01、0.03和0.01。

第3章 橡胶林与热带雨林土壤理化性质对比

与赤道雨林不同，西双版纳州的热带雨林、热带季雨林是分布在热带北缘水热和海拔高度极限条件下的森林类型，具有热带森林的结构和群落特征，但在种类组成上又有向南亚热带森林过渡的特点。该区的气候、土壤、水分条件十分适合橡胶树生长，单位面积产胶量高于我国海南岛，在世界范围内也较高，随着社会经济发展对橡胶的需求增长，自20世纪50年代以来广泛种植橡胶树。随着橡胶林的持续扩展和橡胶种植年限延长，土壤的形成因素及以人类活动为主的土地耕作条件的动态变化，对区域土壤产生了方方面面的影响。张敏等（2009）研究指出，橡胶林和热带季雨林相比，橡胶林凋落物的分解速度慢于热带季雨林凋落物，橡胶林林内地上凋落物向土壤输入的碳、氮量减少，土壤碳、氮含量和有效性降低，并且土壤呈酸化倾向，说明当热带季雨林转变为橡胶林后，林分由多树种转变为单一橡胶树种，不但其凋落物化学成分发生了变化，而且局域环境也发生了改变，从而影响凋落物的分解和土壤有机质的积累特征。

土壤在生态系统范围内，具有维持生物的生产力、保护环境质量以及促进动植物健康的能力。土壤作为一种重要的自然资源，可为人类生产食物和纤维，并维持地球上的生态系统功能和服务的提供。在人类的时间尺度上，土壤资源是一种具有脆弱性的非再生资源。作为植物生长的媒介，土壤是植物水热和化肥的来源、水分的过滤器和废物分解的生物介质，可调节、控制水、气质量及植物生长的生态过程。土壤作为农用土地最重要的组成要素，其质量状况直接影响农业的可持续发展，土壤质量问题是全球范围共同关注的问题。

土壤质量是维持地球生物圈最重要的因子之一，土壤质量的好坏取决于土地利用方式、生态系统类型、地理位置、土壤类型以及土壤内部各种特征的相互作用等。其中，土壤含碳量的多少很大程度上依赖于地表植被和土地利用状况，且土壤有机碳含量的变化会影响植物对水分和营养元素的吸收，进而影响生态系统生产量（周莉 等，2005）；氮是调节陆地生态系统生产量、结构和功能的关键性元素，能够限制群落初级和次级生产量，而且土地利用方式的不同常常容易引起土壤氮循环格局的不同，从而影响整个生态系统的稳定性和可持续性（唐国勇 等，2005）。土壤微生物可以促进多种土壤物理化学性质的变化过程。土壤微生物是土壤有机质中最为活跃的组成成分，其活性是调节土壤理化性质的主要驱动因素，土壤微生物通过其种群的消长与植物的养分吸收、利用形成互补，从而维持和调节生态系统的生物地球化学过程。微生物活性也参与有机质分解、土壤养分和能量循环、土壤团聚体的形成和有机质转化的调控等过程。土壤微生物各种各样的代谢活动能够调控土壤中能量和养分的循环，也在许多有机化合物的全球循环中起着重要作用（何振立，1997）。

土壤质量是指示土壤条件动态变化的最敏感的指标，土壤质量能反映土壤管理的变化，也能反映土壤恢复退化的能力，认识西双版纳橡胶林种植发展过程中土壤物理、化学与生物学特性的变化，认识土壤质量在持续生产中的作用及其与植物、人类健康之间的关系，对区域资源合理开发利用、区域环境恢复和保护及区域经济持续发展具有重要的理论与实践意义。

3.1 橡胶林与热带雨林土壤理化性质研究

3.1.1 研究方法

3.1.1.1 土壤样品采集

在实地调查基础上，在景洪市、勐腊县、勐海县选择橡胶林、热带雨林代表性样地30个，每个样点自地表向下以15cm为间隔等间距分别获取0～45cm土层土壤样品，以分析土壤粒度、土壤团聚体有机碳、土壤全氮等指标特征，共计获取270个土壤散装样品，同时用环刀、铝盒获取土壤样品用于测定土壤含水量、土壤容重等指标，用自封袋袋装散土带回实验室进行土壤团聚体及碳、氮实验观测，采样时尽量避免挤压以保持土壤结构的完整性。样品带回实验室后，放于通风干燥处自然风干，过筛剔除其中的砂石、根系等杂物，以备后续实验所用。

由于土壤有效养分受温度、水分影响较大，其含量随季节变化而变化，为保证样品的可比性，统一选择在2016年10月期间采样，以研究橡胶林土壤团聚体及其碳、氮含量时空差异。在550～1050m海拔范围内，按100m海拔梯度分别选择代表性样点采样（样点均选择在15年林龄橡胶林中，其正值橡胶高产期，人类管理强度最高），以分析土壤团聚体及其碳、氮含量随海拔变化呈现的时空差异。在海拔650m处相邻位置分别采集5年、15年和25年林龄橡胶林和热带雨林土样，每个样点自地表向下以15cm为间隔等间距分别获取0～45cm土层土壤样品（5年以上橡胶林种植园主要分布于海拔600～

900m 范围）。具体采样点的选择要尽量保证林龄、坡度、坡向、地表覆盖、土壤类型的一致性，尽量减少干扰因素，以分析比较不同林龄橡胶林土壤团聚体及其碳、氮分异特征。

3.1.1.2　土壤样品测试分析

土壤含水率、土壤容重、土壤总孔隙度等指标测定主要采用环刀法；有机质采用重铬酸钾-外加热法，全氮采用凯氏定氮法；土壤粒度测定采用英国马尔文 Mastersizer 2000 型激光粒度仪完成，测量粒度范围为 0.02～2000μm。样品分析中，每个样品重复测定 3 次，取其平均值，保证重复测量相对误差小于 0.01，对于误差较大或测量过程中出现异常的样品则进行重测。

土壤团聚体分离采用湿筛法。将风干土样沿自然结构掰成直径约 1cm 的小块，取 100g 土样置于套筛（孔径依次为 2mm、0.25mm）顶部，用振筛机上下振动 5min，然后将各级筛子上的样品分别称重，并计算各级干筛团聚体的百分比含量。根据求得的各级团聚体的百分比含量，取 50g 干筛分取的风干样品置入 1000mL 沉降筒中，并用水湿润，浸泡 10min，使其逐渐达到饱和状态，再沿沉降筒壁注满水，并用橡皮塞塞住筒口，待筒中样品完全沉淀，再将沉降筒倒转，直至筒中样品再次全部沉到筒底，以此重复 10 次，最后将饱和土样转移至水桶中的套筛（孔径依次为 2mm、0.25mm）顶部，将筛组在水中上下移动（提起时勿使样品露出水面）重复 10 次，然后将各级孔径筛子上的样品用水洗入铝盒内，烘干、称重，求得各级团聚体的质量分数。

3.1.1.3　数据处理与分析

团聚体平均重量直径（mean weight diameter，MWD）、几何平均直径（geometric mean diameter，GMD）采用以下公式计算：

$$\mathrm{MWD}=\frac{\sum_{i=1}^{n}(\overline{R_i}W_i)}{\sum_{i=1}^{n}W_i} \tag{3.1}$$

$$\mathrm{GMD}=\exp\left[\frac{\sum_{i=1}^{n}W_i\ln\overline{R_i}}{\sum_{i=1}^{n}W_i}\right] \tag{3.2}$$

式中：$\overline{R_i}$ 为某级团聚体平均直径，mm；W_i 为某级团聚体组分的干重，g。

分形维数（fractal dimension，D）采用以下公式计算：

$$\lg\left[\frac{M(r<\overline{R}_i)}{M_t}\right]=(3-\mathrm{D})\lg\left(\frac{\overline{R}_i}{R_{\max}}\right) \tag{3.3}$$

式中：$M(r<\overline{R}_i)$ 为粒径小于 $\overline{R}_i$ 的团聚体重量，g；M_t 为测定团聚体总质

量，g；R_{max} 为团聚体的最大粒径，mm。通过数据拟合，求得 D。

团聚体有机碳对总有机碳的贡献率采用以下公式计算：

$$团聚体对土壤有机碳贡献率=\frac{该团聚体中有机碳含量\times该团聚体含量}{土壤有机碳含量}\times100\% \tag{3.4}$$

土壤碳、全氮储量（t/hm²）采用以下公式计算：

$$SOC=D_i\times BD_i\times OC_i/10 \tag{3.5}$$

$$N=D_i\times BD_i\times N_i/10 \tag{3.6}$$

式中：D_i 分别为 0～15cm、15～30cm、30～45cm 土层厚度，cm；BD_i 分别为各层土壤容重，g/cm³；OC_i、N_i 分别为各土层有机碳、全氮含量，g/kg；SOC、N 分别为各土层有机碳、全氮储量，t/hm²。

数据处理和图表生成由 Microsoft Excel 2010 软件完成，数据统计分析由 SPSS Statistics V21.0 软件完成。采用单因素方差分析和最小显著差异法来对不同数据组之间的差异进行分析。

3.1.2 橡胶林和热带雨林土壤理化性质特征及其差异性

土壤的理化性质可以表述土壤的结构、质量特征，是影响土壤水土保持能力、抗蚀能力以及保水保肥能力的重要因素，它包括土壤粒度组成、土壤容重、土壤孔隙度、土壤养分（碳、氮、磷、钾）等。土壤理化性质的差异性可以反映不同植被覆盖对其林下土壤的影响程度，是研究覆被变化条件下土壤结构稳定性、土壤质量的重要指标。

3.1.2.1 土壤粒度组成

土壤不同大小直径矿物颗粒的组合状况，也叫土壤质地，是反映土壤物理特性的综合指标，土壤在物理性质方面的退化最先表现在地表物质颗粒组成的变化，其差异性可以用来判断土壤退化程度。因此，土壤粒径分布在一定程度上决定了土壤结构的稳定性，可作为判断土壤性质的标准。

不同土壤颗粒组成的土壤性质不同，其对土壤通气透水性、保水保肥性等影响巨大。一般来说黏粒类（小于 0.002mm）土壤颗粒极细小，黏粒含量超过 30%，粒间空隙小，通气性差，养分含量丰富，转化速度慢；砂质土类（大于 0.05mm）粒间孔隙大，土壤疏松多孔，通气性能较好，砂粒含量超过 50%，黏粒含量较低，保水保肥性能低，有效养分贫乏；壤质土类性质介于砂土类和黏土类之间，大小空隙比例分配也较合理，通透性适中，保水保肥性能高，有效养分含量较多，是质量较好的土壤。

土壤质地分类的标准有很多，目前国内外比较广泛使用的是中国制、卡钦斯基制、美国农部制、国际制，其中美国农部制是最常用的土壤质地分类标准，其按照黏粒（<0.002mm）、粉砂（0.05～0.002mm）和砂粒（2～

0.05mm）三个级别，并基于相应的土壤质地三角图查出对应的土壤质地名称。本书采用美国农部制对西双版纳橡胶林及热带雨林进行土壤质地划分。

如图 3.1、图 3.2、表 3.1 和表 3.2 所示，西双版纳橡胶林及热带雨林土壤中，砂粒组分占比为 3.08%～40.84%，均值为 14.01%；粉砂组分占比为 48.70%～82.97%，均值为 69.91%；黏粒组分占比为 8.03%～25.54%，均值为 16.08%。因此，西双版纳橡胶林及热带雨林土壤主要以粉砂壤土为主，其次为砂壤土和壤土，主要分布在麻疯采样点的橡胶林和瑶区乡采样点的热带雨林中。

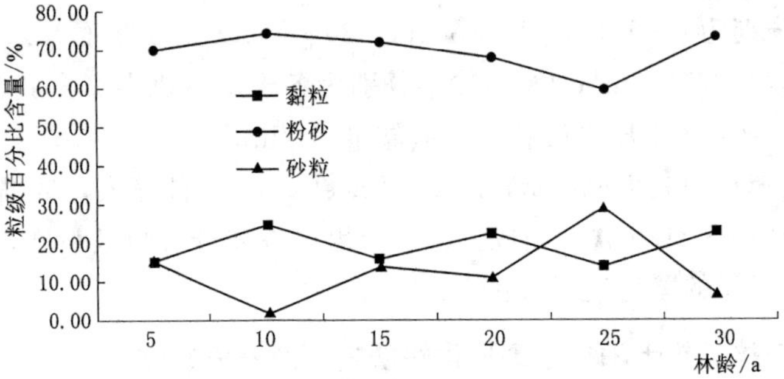

图 3.1　不同林龄橡胶林土壤粒级质量百分比含量

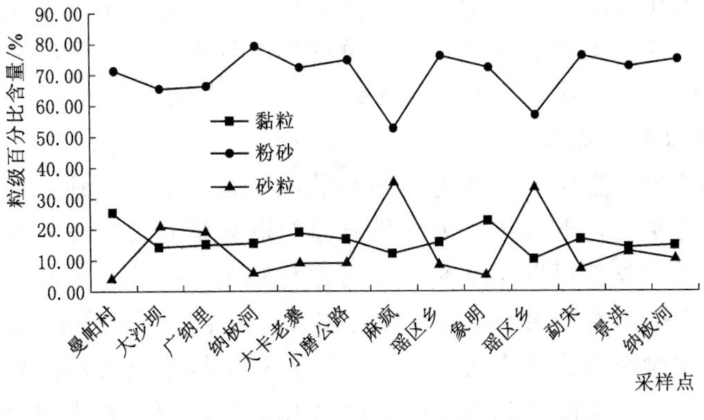

图 3.2　不同采样点土壤粒级质量百分比含量

不同林龄橡胶林土壤中，粉砂含量最高，变化范围为 58.97%～74.20%，平均为 69.11%，其中 25 年林龄橡胶林土壤粉砂含量最低，为 58.97%，其他林龄之间差异不大；黏粒含量变化范围为 12.92%～24.30%，平均为 18.56%，25 年林龄橡胶林土壤黏粒含量最低；砂粒组分变化范围为 1.49%～28.10%，平均为 12.33%，25 年林龄橡胶林土壤砂粒含量最高，且含量总体低于粉砂和黏粒，只有 25 年林龄橡胶林土壤砂粒组分含量高于黏粒，达到了 28.10%。

不同采样点橡胶林和热带雨林土壤中，粉砂含量最高，变化范围为52.13%～79.11%，平均为69.91%，其中麻疯橡胶林采样点和瑶区乡采样点热带雨林采样点粉砂含量最低，分别为52.13%和56.78%，其他地区差别不大；黏粒含量变化范围为9.87%～24.94%，平均为16.08%，其中曼帕村采样点橡胶林和象明采样点热带雨林采样点黏粒含量明显高于其他采样点，分别为24.94%和22.47%，其他地区之间差异较小；砂粒组分变化范围为3.79%～35.96%，平均为14.01%，其变化趋势大致与黏粒相反，且含量总体低于粉砂和黏粒。

总体来说，西双版纳橡胶林和热带雨林土壤主要由粉砂组成，其次为黏粒和砂粒；土壤类型以粉砂壤土为主，其次为砂壤土和壤土。

不同橡胶林和热带雨林采样点土壤砂粒、粉砂、黏粒组分含量随土层深度增加没有明显变化规律。大沙坝和广纳里橡胶林采样点各土层砂粒含量为18.35%～24.99%，砂粒含量高于黏粒含量，各土层之间沙粒含量变化不大；麻疯橡胶林采样点和瑶区乡热带雨林采样点各土层砂粒含量为27.59%～40.84%，且砂粒含量高于黏粒含量。总体来看，麻疯橡胶林采样点0～15cm土层为壤土、15～30cm土层为砂壤土，而瑶区乡热带雨林采样点0～30cm土层为砂壤土、30～45cm土层为粉砂壤土，其土壤质地随土层深度变化较大，砂壤土疏松多孔，通气性能较好，有利于土壤水分下渗，但土壤养分易被分解，有效养分难以保持，导致土壤肥力不高。随土层深度增加，景洪和纳板河热带雨林采样点土壤砂粒含量变化较大，分别从19.68%、19.93%降到4.72%、5.35%，虽然各土壤层土壤质地变化不大，但随着土层深度增加，其土壤孔隙度逐渐减小，通气、保水性能变差；各采样点土壤粉砂、黏粒和砂粒含量变化幅度不大，均维持在一个相对稳定的水平上。

表 3.1　　不同采样点植被类型及土壤质地划分

采样点	植被类型	土层深度/cm	砂粒含量/%	粉砂含量/%	黏粒含量/%	质地划分
曼帕村	橡胶林	0～15	3.88	70.81	25.31	粉砂壤土
		15～30	4.41	71.61	23.99	粉砂壤土
		30～45	3.08	71.38	25.54	粉砂壤土
大沙坝	橡胶林	0～15	24.99	61.54	13.48	粉砂壤土
		15～30	20.00	66.59	13.41	粉砂壤土
		30～45	18.35	66.93	14.73	粉砂壤土
广纳里	橡胶林	0～15	18.70	66.80	14.50	粉砂壤土
		15～30	18.49	66.85	14.66	粉砂壤土
		30～45	20.78	64.76	14.46	粉砂壤土

续表

采样点	植被类型	土层深度/cm	砂粒含量/%	粉砂含量/%	黏粒含量/%	质地划分
纳板河	橡胶林	0～15	4.87	79.04	16.09	粉砂壤土
		15～30	4.93	80.94	14.14	粉砂壤土
		30～45	7.50	77.34	15.16	粉砂壤土
大卡老寨	橡胶林	0～15	11.80	70.52	17.68	粉砂壤土
		15～30	7.45	73.70	18.85	粉砂壤土
		30～45	8.86	71.58	19.56	粉砂壤土
小磨公路	橡胶林	0～15	10.85	73.55	15.61	粉砂壤土
		15～30	8.71	75.45	15.84	粉砂壤土
		30～45	7.29	74.11	18.60	粉砂壤土
麻疯	橡胶林	0～15	40.84	48.70	10.47	壤土
		15～30	33.30	54.03	12.66	砂壤土
		30～45	33.74	53.65	12.61	砂壤土
瑶区乡	橡胶林	0～15	12.54	73.50	13.96	粉砂壤土
		15～30	7.69	78.40	13.90	粉砂壤土
		30～45	4.89	75.86	19.25	粉砂壤土
象明	热带雨林	0～15	4.75	74.21	21.05	粉砂壤土
		15～30	5.48	71.70	22.82	粉砂壤土
		30～45	5.59	70.87	23.54	粉砂壤土
瑶区乡	热带雨林	0～15	34.85	55.12	10.03	砂壤土
		15～30	37.60	54.37	8.03	砂壤土
		30～45	27.59	60.85	11.56	粉砂壤土
勐宋	热带雨林	0～15	8.98	73.76	17.25	粉砂壤土
		15～30	3.52	82.97	13.51	粉砂壤土
		30～45	9.54	71.15	19.32	粉砂壤土
景洪	热带雨林	0～15	19.68	67.59	12.74	粉砂壤土
		15～30	14.36	70.49	15.15	粉砂壤土
		30～45	4.72	80.75	14.53	粉砂壤土
纳板河	热带雨林	0～15	19.93	67.73	12.34	粉砂壤土
		15～30	6.46	77.55	15.98	粉砂壤土
		30～45	5.35	79.66	15.00	粉砂壤土

表 3.2 不同采样点橡胶林土壤粒度特征

地点	土层深度/cm	砂粒含量/%	粉砂含量%	黏粒含量%	质地划分
曼帕村	0～15	3.88	70.81	25.31	粉砂壤土
	15～30	4.41	71.61	23.99	粉砂壤土
	30～45	3.08	71.38	25.54	粉砂壤土
大沙坝	0～15	24.99	61.54	13.48	粉砂壤土
	15～30	20.00	66.59	13.41	粉砂壤土
	30～45	18.35	66.93	14.73	粉砂壤土
广纳里	0～15	18.70	66.80	14.50	粉砂壤土
	15～30	18.49	66.85	14.66	粉砂壤土
	30～45	20.78	64.76	14.46	粉砂壤土
纳板河	0～15	4.87	79.04	16.09	粉砂壤土
	15～30	4.93	80.94	14.14	粉砂壤土
	30～45	7.50	77.34	15.16	粉砂壤土
大卡老寨	0～15	11.80	70.52	17.68	粉砂壤土
	15～30	7.45	73.70	18.85	粉砂壤土
	30～45	8.86	71.58	19.56	粉砂壤土
小磨公路	0～15	10.85	73.55	15.61	粉砂壤土
	15～30	8.71	75.45	15.84	粉砂壤土
	30～45	7.29	74.11	18.60	粉砂壤土
麻疯	0～15	40.84	48.70	10.47	壤土
	15～30	33.30	54.03	12.66	砂壤土
	30～45	33.74	53.65	12.61	砂壤土
瑶区乡	0～15	12.54	73.50	13.96	粉砂壤土
	15～30	7.69	78.40	13.90	粉砂壤土
	30～45	4.89	75.86	19.25	粉砂壤土
象明	0～15	4.75	74.21	21.05	粉砂壤土
	15～30	5.48	71.70	22.82	粉砂壤土

3.1.2.2 土壤容重

土壤容重是田间自然垒结状态下单位容积土体（包括土粒和孔隙）的质量或重量与同容积水重量比值，是土壤紧实度的一个指标。土壤容重的大小受土壤质地、土粒排列、结构状况和有机质含量的影响。如图 3.3 所示，不同林龄橡胶林土壤容重为 1.17～1.95g/cm³，具体表现出 25 年＞15 年＞5 年＞20 年＞10 年＞30 年的总体趋势，其中各林龄橡胶林土壤容重变化范围分别为 1.17～1.94g/cm³、1.26～1.67g/cm³、1.34～1.94g/cm³、1.23～1.94g/cm³、1.61～1.95g/cm³ 和 1.31～1.61g/cm³，且随着林龄的增加，其土壤容重数值极差越小。不同的采样地区橡胶林土壤容重不同，但其均值变化范围为 1.45～1.82g/cm³，总体变化不大。

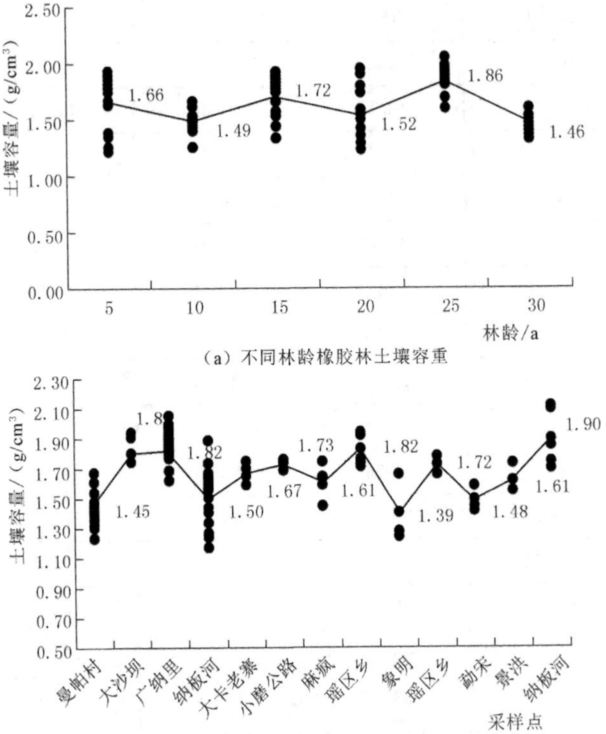

(a) 不同林龄橡胶林土壤容重

(b) 不同橡胶林和热带雨林采样点土壤容重

图 3.3　橡胶林和热带雨林采样点的土壤容重

纳板河热带雨林采样点土壤容重最大，均值达到 1.90g/cm³；象明热带雨林采样点土壤容重最小，均值为 1.39g/cm³；其他热带雨林采样点土壤容重的变化范围为 1.48～1.72g/cm³。

3.1.2.3　土壤自然含水率

土壤自然含水率也称自然含水量，一般是指自然状态下土壤含水状况，其是农业生产中的一个重要参数，也是土壤持水性能及土壤结构的重要表征。如图 3.4 所示，橡胶林土壤含水率表现出 20 年＞30 年＞15 年＞10 年＞5 年＞25 年的总体趋势，其中各林龄橡胶林土壤自然含水率分别为 10.19%～32.15%、

15.68%～35.79%、12.70%～36.77%、21.67%～41.79%、14.22%～25.81%和21.39%～32.03%，随着橡胶林林龄的增加，其土壤含水率极差逐渐减小。

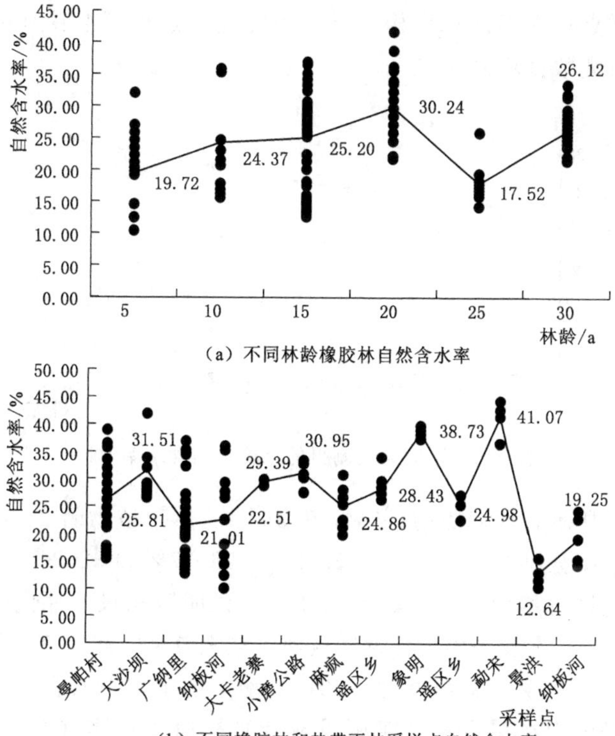

（a）不同林龄橡胶林自然含水率

（b）不同橡胶林和热带雨林采样点自然含水率

图 3.4　不同橡胶林和热带雨林采样点土壤的自然含水率

西双版纳8个橡胶林采样点土壤自然含水率均值变化范围为21.01%～31.51%，总体变化不大。

不同的热带雨林采样点土壤自然含水率差别较大，其中象明、勐宋热带雨林采样点土壤自然含水率较高，分别为38.73%和41.07%，土壤自然含水率高于橡胶林；而景洪、纳板河热带雨林采样点自然含水率较低，分别为12.64%和19.25%，瑶区乡热带雨林采样点自然含水率则与橡胶林相当，这与采样时间有关，象明、勐宋采样点采样时间为10月（雨季），而景洪、纳板河热带雨林采样点的采样时间为3月（旱季）。

为更准确地分析西双版纳橡胶林土壤自然含水率的变化趋势，也为了验证数据的可靠性，特将前人研究数据与本研究数据进行对比分析，结果如图3.5所示。其中西双版纳为本次研究数据，热带植物园1为朱凯等（2016）对中国科学院西双版纳热带植物园内试验橡胶林地研究数据，热带植物园 2 为陈春峰等（2016）对中国科学院西双版纳热带植物园内试验橡胶林地研究数据，纳板河为吴秀坤（2013）对西双版纳纳板河流域橡胶林研究数据，且前人对橡胶林的研究时间在 2013—2016 年期间，与此次采样时间点相接近，且在橡胶林采样点包含不同林龄橡胶林，因此在一定程度上具有可比性，图中数据均取各研究数据均值。

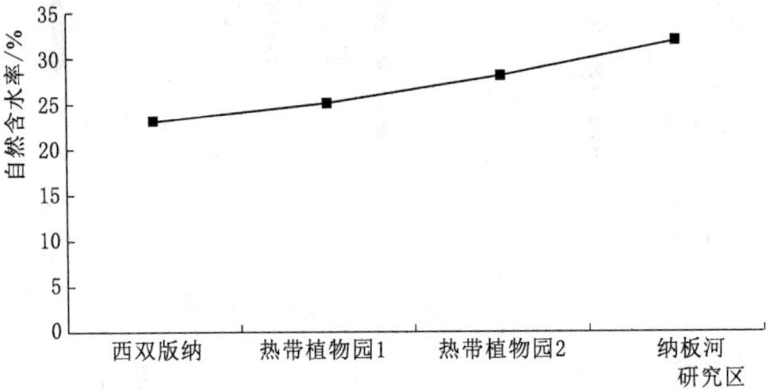

图 3.5　不同研究测得的土壤自然含水率对比

如图 3.5 所示，西双版纳、热带植物园 1、热带植物园 2、纳板河橡胶林土壤自然含水率分别为 23.19%、25.38%、28.37%和 32.24%，热带植物园橡胶林两次土壤自然含水率测定数值相近，说明数据没有原则性错误，其平均值为 26.87%；本次采样也涉及纳板河流域橡胶林，测定其土壤自然含水率为 10.19%～35.79%，而吴秀坤（2013）测定的土壤自然含水率稍高于其他地区，可能是因为在采样时处于雨季或者采样时间点刚好在降水事件之后；此次采样测得的土壤自然含水率最低，这是因为此次采样点涉及西双版纳境内不同海拔、不同林龄、不同季节橡胶林，数据量大但更具代表性，目的在于获取西双版纳橡胶林更具代表性的土壤自然含水率。总体来看，此次采样测得西双版纳橡胶林土壤自然含水率大致为 20%～30%，前人研究结果也大致处于这个范围，这就说明了本研究结果具有较好的代表性。

3.1.2.4　土壤总孔隙度

土壤孔隙度是土壤孔隙容积占土体容积的百分比，是由土壤中各种形状的粗细土粒集合和排列而成。全部孔隙容积与土体容积的百分率被称为土壤总孔隙度，它可以反映土壤的孔隙状况和松紧程度，也是土壤持水量的重要表征。如图 3.6 所示，不同林龄橡胶林土壤总孔隙度为 26.05%～53.52%，具体表现出 20 年＞30 年＞10 年＞5 年＞15 年＞25 年的总体趋势，其中各林龄橡胶林土壤总孔隙度变化范围分别为 32.22%～56.01%、37.08%～52.30%、26.74%～49.41%、39.88%～53.52%、26.05%～39.33%和 39.30%～

50.75%，且随着橡胶林林龄的增加，其土壤总孔隙度数值极差逐渐减小。

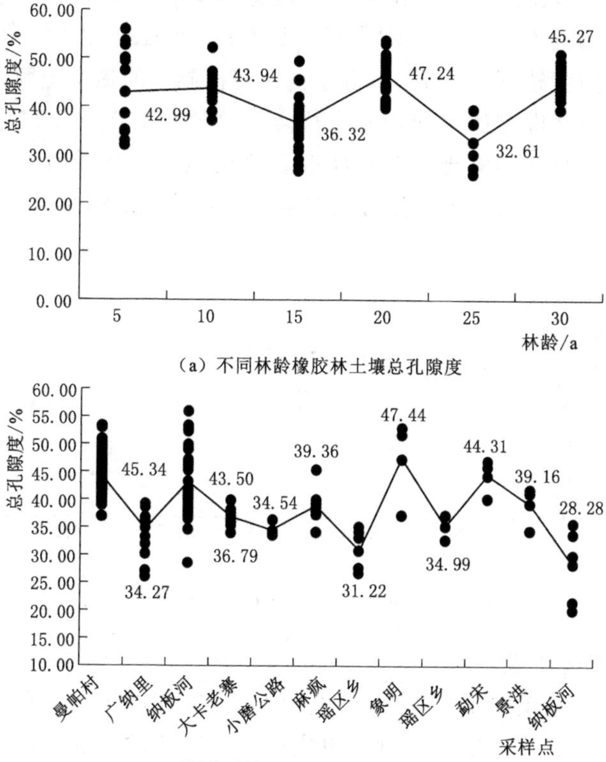

(b) 不同橡胶林和热带雨林采样点土壤总孔隙度

图 3.6　不同橡胶林和热带雨林采样点土壤的总孔隙度

各橡胶林采样点土壤总孔隙度均值变化范围为 31.22%～43.50%，总体变化不大。象明地区热带雨林采样点土壤总孔隙度为 47.44%，高于橡胶林和其他热带雨林采样点；纳板河热带雨林采样点土壤总孔隙度仅为 28.28%，远低于其他采样点；其他热带雨林采样点与橡胶林采样点土壤总孔隙度差别不大。这在一定程度上呼应了上述自然含水率和土壤容重的变化趋势，也更好地说明了土壤自然含水率、土壤容重、土壤总孔隙度三者之间的紧密关系，其共同反映了土壤结构及持水性能的好坏。

图 3.7 为不同学者研究得出的西双版纳橡胶林土壤总孔隙度对比，其中，西双版纳为此次研究数据，热带植物园 1、热带植物园 2、纳板河橡胶林土壤总孔隙度数据来源于朱凯等（2016）、陈春峰等（2016）和吴秀坤等（2013）的研究。西双版纳、热带植物园 1、热带植物园 2、纳板河橡胶林土壤总孔隙度分别为 41.4%、44.32%、47.66%和 59.27%，其变化趋势与土壤自然含水率一致，说明土壤总孔隙度和自然含水率关系紧密。两次热带植物园橡胶

林总孔隙度测定数值相近，均值为 45.99%，且处于本研究的土壤总孔隙度 26.05～53.52%范围之中，这说明热带植物园橡胶林土壤总孔隙度处于西双版纳橡胶林土壤总孔隙度的平均水平。吴秀坤（2013）指出，纳板河流域橡胶林土壤总孔隙度达到 59.27%，高于此次采样测得的最大土壤总孔隙度，再次印证了土壤总孔隙度的差异与其采样点土壤质地有关，不同大小直径的矿物颗粒组合情况直接影响土壤孔隙状况和疏松程度，其最高的土壤总孔隙度也很好地解释了上述对比中自然含水率最高而容重最低的原因。

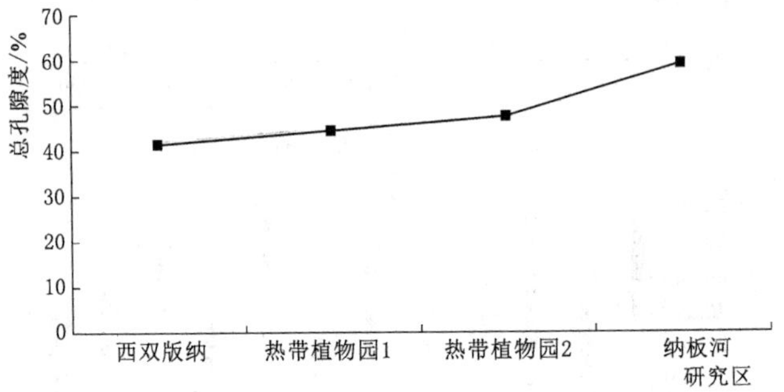

图 3.7　不同研究测得的土壤总孔隙度对比

3.1.2.5　土壤有机碳

土壤有机碳是反映土壤养分的重要因子，它能够把土壤的矿物质、生物成分紧密地联系起来，能更准确、更实际地反映土壤理化特性的变化，是土壤质量评价的重要指标。图 3.8 为不同橡胶林和热带雨林采样点土壤有机碳含量分布特征。橡胶林土壤有机碳含量表现出 5 年＞20 年＞10 年＞30 年＞15 年＞25 年的总体趋势，其中各林龄橡胶林土壤有机碳含量变化范围分别为 7.39～27.20g/kg、6.01～22.32g/kg、5.16～18.19g/kg、9.77～20.13g/kg、4.25～10.07g/kg 和 6.17～16.25g/kg，且随着林龄的增加，其土壤有机碳含量极差逐渐减小。

不同橡胶林采样点土壤有机碳总体上维持在一个相对稳定的水平，均值范围为 9.08～12.26g/kg；景洪热带雨林采样点土壤有机碳含量与橡胶林平均水平接近，但纳板河热带雨林土壤有机碳含量达 16.20g/kg，显著高于其他采样点。这与当地土壤质地有关，一方面，区内土壤砂粒含量相对较低而粉砂和黏粒含量较高，不利于空气和水分流通，有效养分分解较慢；另一方面，纳板河流域村寨较多，区内经济作物种植比例大，人为施肥、除草等活动较其他区域更频繁，受人为活动影响强度相对较大。

图 3.9 为西双版纳不同研究区和不同年代橡胶林土壤有机碳含量对比。20 世纪 50—90 年代土壤有机碳数据来源于单沛尧等（1996）的研究，2000

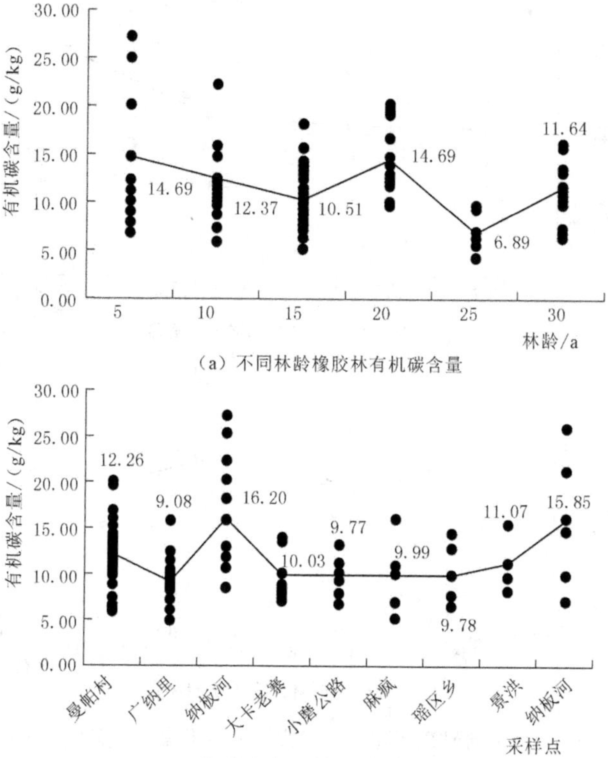

(a) 不同林龄橡胶林有机碳含量

(b) 不同橡胶林和热带雨林采样点有机碳含量

图 3.8　不同橡胶林和热带雨林采样点土壤有机碳含量分布特征

年土壤有机碳数据来源于唐炎林等（2007）的研究，21 世纪 10 年代土壤有机碳数据来源于此次采样及朱凯等（2016）、陈春峰等（2016）和吴秀坤（2013）的研究结果的均值。西双版纳、热带植物园 1、热带植物园 2、纳板河橡胶林土壤有机碳含量分别为 14.36g/kg、14.66g/kg、15.52g/kg 和 21.98g/kg，西双版纳橡胶林土壤有机碳均值与两次热带植物园橡胶林有机碳测定数值接近，这说明热带植物园橡胶林土壤有机碳含量处于西双版纳橡胶林土壤有机碳含量的平均水平。吴秀坤（2013）对纳板河橡胶林土壤有机碳的测定虽然处于此次采样测得的土壤有机碳范围（4.25～27.20g/kg）之中，但明显高于前两者。此次采样测得纳板河橡胶林土壤有机碳含量为 8.21～27.20g/kg，这说明纳板河地区橡胶林土壤有机碳含量高于西双版纳橡胶林土壤有机碳含量的平均水平，同时也说明，除土壤质地之外，包括施肥、除草在内的人类活动也是西双版纳橡胶林土壤有机碳含量的重要影响因素。

如图 3.9 所示，20 世纪 50—90 年代和 21 世纪初期，西双版纳橡胶林土壤有机碳含量分别为 25.92g/kg、17.59g/kg、14.71g/kg、18.91g/kg、

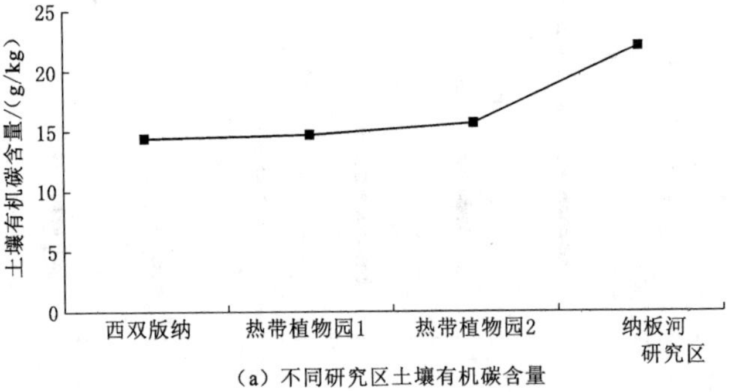

(a) 不同研究区土壤有机碳含量

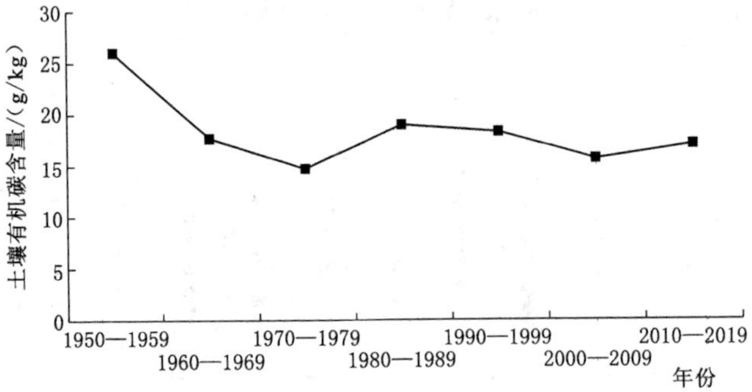

(b) 不同年代土壤有机碳含量

图 3.9　不同研究区和不同年代橡胶林土壤有机碳含量对比

18.22g/kg、15.67g/kg 和 17.00g/kg，说明 20 世纪 50—70 年代期间，西双版纳橡胶林有机碳含量呈持续下降趋势，这是因为西双版纳从 20 世纪 50 年代开始引进天然橡胶，此前橡胶林地区域为热带雨林覆被，故 20 世纪 50 年代土壤有机碳含量相对较高，但橡胶林持续经营 20 年后，土壤有机碳含量持续下降；20 世纪 70—80 年代期间，由于人们逐步意识到橡胶林种植影响甚至破坏土壤质量，开始采取人工措施管理维护橡胶林，土壤有机碳含量开始上升；20 世纪 80 年代期间至 21 世纪初，土壤有机碳含量又呈下降趋势，但下降幅度较缓和，这是由于西双版纳橡胶林种植面积持续扩大、种植历史延长以及人工管理等综合作用的结果；21 世纪 10 年代以来，橡胶林土壤有机碳含量逐步上升，这主要得益于人们对土壤质量和环境的重视以及更加科学合理的种植和管理措施。

3.1.2.6　土壤全氮

氮素是植物生长必需的营养元素，是表征土壤肥力的重要指标，其储量和分布密度直接影响生物生产力，还与土壤中碳的储量和密度密切相关。如图 3.10 所示，橡胶林土壤全氮含量表现出 20 年>10 年>30 年>5 年>15 年>25 年的总体趋势，其中 5 年、10 年、15 年、20 年、25 年和 30 年林龄橡胶林土壤全氮含量变化范围分别为 0.30～2.06g/kg、0.18～1.43g/kg、0.14～1.48g/kg、1.05～1.66g/kg、0.50～1.13g/kg 和 0.82～1.75g/kg，且随着林龄增加，其土壤全氮各次采样测量值极差越小。

不同橡胶林采样点土壤全氮含量差别较大，其中纳板河、小磨公路地区土壤全氮含量较低，分别为 0.58g/kg 和 0.45g/kg，这与土壤有机碳含量空间分布趋势相反，可能受人为活动影响。除纳板河热带雨林采样点土壤全氮含量达到 1.57g/kg，其他采样点土壤全氮含量在 0.83～1.18g/kg 之间小幅度波动。

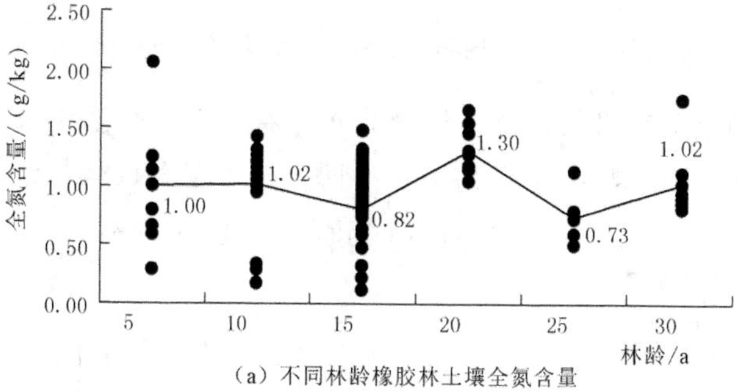

（a）不同林龄橡胶林土壤全氮含量

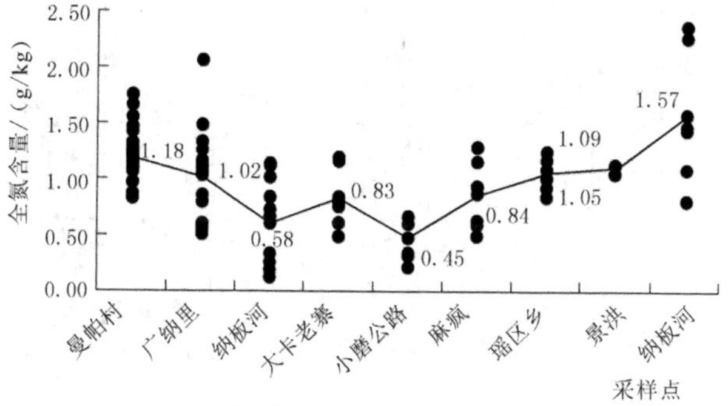

（b）不同橡胶林和热带雨林采样点土壤全氮含量

图 3.10　不同橡胶林和热带雨林采样点土壤全氮含量

如图 3.11 所示，“2010—2019（1）”数据来自此次采样，“2010—2019（2）”数据来自于朱凯等（2016）在西双版纳热带植物园橡胶林的研究结果，20 世纪 90 年代土壤全氮数据来源于单沛尧等（1996）的研究，2000 年土壤全氮数据来源于唐炎林等（2007）的研究。由图 3.11 可知，20 世纪 90 年代至 21 世纪初期，西双版纳橡胶林土壤全氮从 1.89g/kg 下降到了 1.75g/kg；21 世纪 10 年代期间，朱凯研究所得土壤全氮含量为 1.62g/kg，高于此次采样的 1.38g/kg，这说明热带植物园橡胶林土壤全氮含量高于西双版纳橡胶林土壤全氮含量均值，但二者平均值为 1.50g/kg，这说明自 20 世纪 90 年代至今，西双版纳橡胶林土壤全氮含量持续下降。

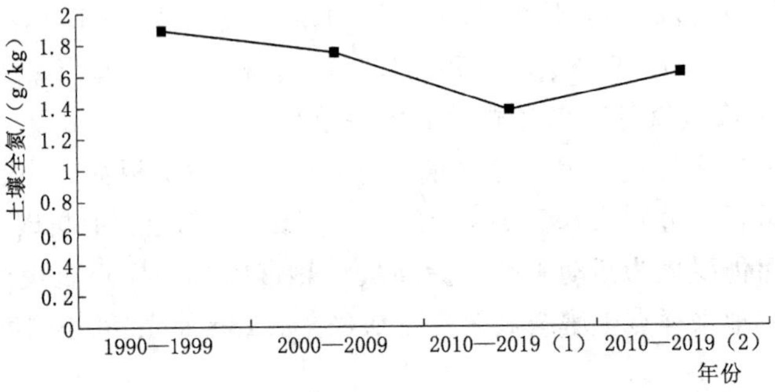

图 3.11　不同年代橡胶林土壤全氮含量对比

不同林型土壤有机碳、全氮储量分布与有机碳、全氮含量分布具较高的相关性（图 3.12）。如图 3.12 所示，不同林型土壤有机碳、全氮平均储量分

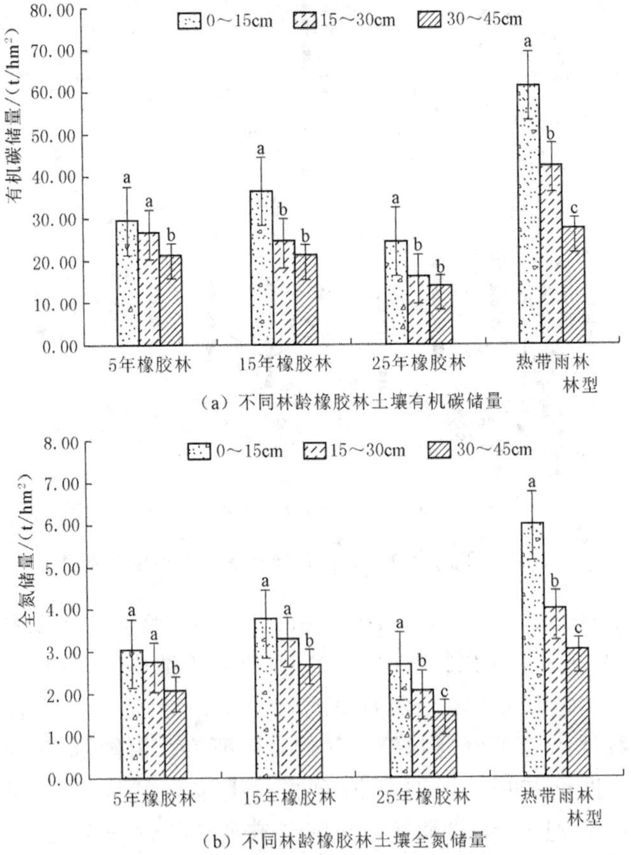

图 3.12　不同林龄橡胶林和热带雨林采样点土壤有机碳、全氮储量

注：相同字母表示在 0.05 显著性水平上差异不显著，

不同字母表示在 0.05 显著性水平上差异显著。

布范围分别为 18.00～43.49t/hm^2 和 2.08～4.33t/hm^2。热带雨林土壤有机碳、全氮储量明显高于橡胶林，其平均储量分别为 43.49t/hm^2 和 4.33t/hm^2；不同林龄橡胶林土壤有机碳、全氮平均储量分布范围分别为 18.00～27.37t/hm^2 和 2.08～3.24t/hm^2。各林型土壤有机碳、全氮储量均随土层深度增加而降低，其中 5 年橡胶林 30～45cm 土层土壤有机碳储量和全氮储量与 0～15cm 和 15～30cm 土层之间差异显著（$P<0.05$），5 年、15 年橡胶林 0～15cm 土层土壤有机碳储量与 15～30cm、30～45cm 土层之间差异显著（$P<0.05$），15 年橡胶林 30～45cm 土层土壤全氮储量与 0～15cm 和 15～30cm 土层之间差异显著（$P<0.05$），25 年橡胶林在 0～15cm、15～30cm 和 30～45cm 土层土壤全氮储量差异显著（$P<0.05$），热带雨林土壤有机碳、全氮储量在 0～15cm、15～30cm 和 30～45cm 土层间差异显著。不同林型土壤有机碳、全氮储量分布呈热带雨林>15 年橡胶林>5 年橡胶林>25 年橡胶林的趋势。

3.1.2.7 土壤全磷

磷是植物生长所必需的营养元素，也是衡量土壤养分质量的重要指标之一。图 3.13 为不同林龄橡胶林和不同年代橡胶林土壤全磷含量对比，其中 20 世纪 90 年代数据来自于单沛尧等（1996）的研究，2000 年土壤全氮数据来自于唐炎林等（2007）的研究，21 世纪 10 年代的数据来自于此次采样及徐凡珍等（2014）对热带植物园橡胶林观测结果。橡胶林土壤全磷含量表现出 20 年>10 年>30 年的总体趋势，其中 10 年、20 年和 30 年林龄橡胶林土壤全磷含量变化范围分别为 0.24～0.27g/kg、0.25～0.32g/kg 和 0.16～0.18g/kg，其变化趋势与橡胶林土壤有机碳和土壤全氮含量变化趋势一致，导致其差异的原因也大致相同。值得注意的是，施肥也是引起各林龄橡胶林土壤全磷含量差异的重要原因，20 年橡胶林处于胶量高产期，人为施加磷肥较多；10 年橡胶林由于属于橡胶初产期，施肥相对较少，且林下土壤结构稳定性相对较差，保肥能力不如 20 年橡胶林；而 30 年橡胶林处于更新换代期，几乎不产胶，人工管理也最少，再加上十几年割胶过程导致土壤含磷量下降最严重，故全磷含量最低。

从图 3.13 可以看出，20 世纪 90 年代至 21 世纪初，西双版纳橡胶林土壤全磷含量呈持续下降趋势，其中 20 世纪 90 年代至 21 世纪初期土壤全磷含量下降幅度较大，21 世纪 10 年代期间下降幅度相对缓和，这跟橡胶林种植面积的持续扩大以及种植年限的持续延长有直接关系，虽然大量的磷肥被施入土壤中，但其当季利用率很低，如磷的当季利用率只有 10%～25%，施入的磷绝大多数以无效态形式在土壤中积累，只不过后期人工管理施肥更加合理，下降幅度才有所缓和。

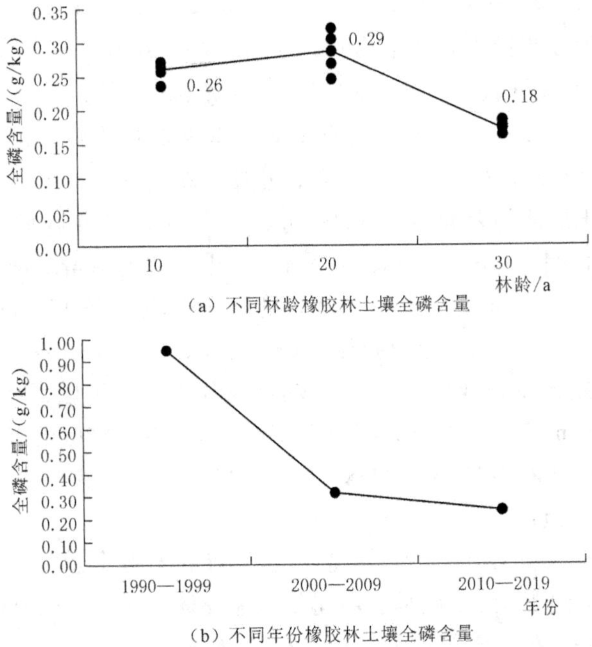

图 3.13　不同林龄和不同年份橡胶林土壤全磷含量对比

3.1.2.8　土壤全钾

钾是植物生长所必需的营养元素，也是衡量土壤养分质量的重要指标之一。图 3.14 所示为不同林龄和不同年份橡胶林土壤全钾含量对比，其中 20 世纪 90 年代数据来源于单沛尧等（1996）的研究，2000 年土壤全氮数据来源于唐炎林等（2007）的研究，21 世纪 10 年代数据来自于此次采样及徐凡珍等（2014）对热带植物园橡胶林观测结果。橡胶林土壤全钾含量表现出 20 年＞10 年＞30 年的总体趋势，其中 10 年、20 年和 30 年林龄橡胶林土壤全钾含量变化范围分别为 10.94～15.51g/kg、11.64～19.75g/kg 和 8.01～11.43g/kg，其变化趋势与碳、氮、磷含量变化趋势一致。20 世纪 90 年代至 21 世纪西双版纳橡胶林土壤全钾含量呈持续上升趋势，其中 20 世纪 90 年代至 21 世纪初期全钾含量上升幅度较小，21 世纪 10 年代期间上升幅度较大，这可能跟近年来钾肥施入量有关，且钾肥施入土壤中不易被固定失活，有利于在土壤中保存。

总体来看，橡胶林土壤有机碳、全氮、全磷、全钾的各次采样数据均表现出随林龄增加极差减少的趋势，这说明，随着橡胶林林龄增加，林下土壤受到人为活动影响越来越少，其自身生态系统发育日趋完善，土壤肥力状况趋于稳定；不同区橡胶林、热带雨林采样点土壤化学性质的差异主要表现在人为活动、环境条件等因素的差异上。

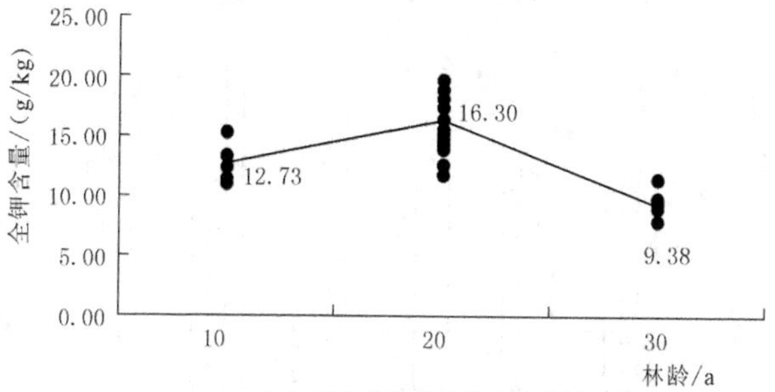

（a）不同林龄橡胶林土壤全钾含量

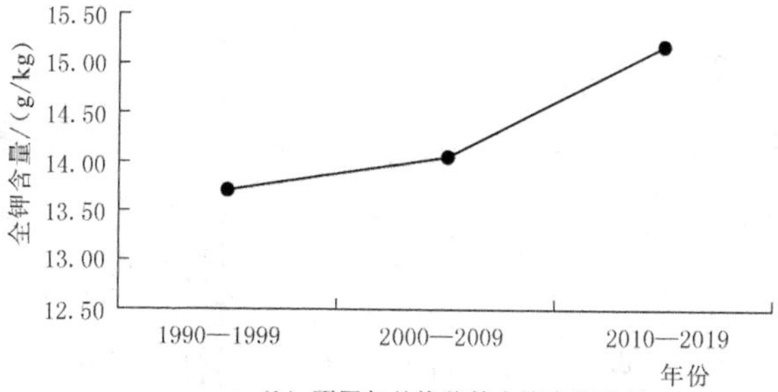

（b）不同年份橡胶林土壤全钾含量

图 3.14　不同林龄和不同年份橡胶林土壤全钾含量对比

3.1.3　橡胶林和热带雨林土壤有机碳、全氮的时空变化

基于 2016 年 10 月采样的 5 年、15 年、25 年的橡胶林土壤有机碳、全氮含量，550m、650m、750m、850m、950m 和 1050m 的热带雨林采样点和生长年限为 15 年的橡胶林采样点的土壤有机碳、全氮含量，比较分析橡胶林和热带雨林采样点的土壤有机碳、全氮含量异质性，及橡胶林生长过程中对土壤有机碳、全氮含量的影响。

由图 3.15 可知，各海拔高度橡胶林采样点土壤有机碳、全氮含量均随着土层深度增加而下降，除海拔 1050m 橡胶林采样点外，其他海拔橡胶林采样点 0～15cm 土层土壤有机碳、全氮含量显著高于下层土壤（$P<0.05$），1050m 橡胶林采样点土壤有机碳、全氮含量在 0～15cm 与 15～30cm 土层之间相差不大，但在 15～30cm 与 30～45cm 土层之间差异显著（$P<0.05$）。随着海拔上升，橡胶林各土层土壤有机碳含量呈先上升后下降再上升的趋势，而土壤全氮含量则呈先上升后下降再上升再下降的反双峰趋势，其均值变化范围分别为 8.32～11.95g/kg 和 0.51～1.28g/kg，其中海拔 850m 处橡胶林采样点土壤有机碳、全氮含量最低，其平均土壤有机碳、全氮含量分别为 8.32g/kg 和 0.51g/kg。土壤质地对土壤有机碳、全氮含量有重要影响，土壤沙粒含量高，土壤结构疏松，水气通畅，养分分解快而不易保存。

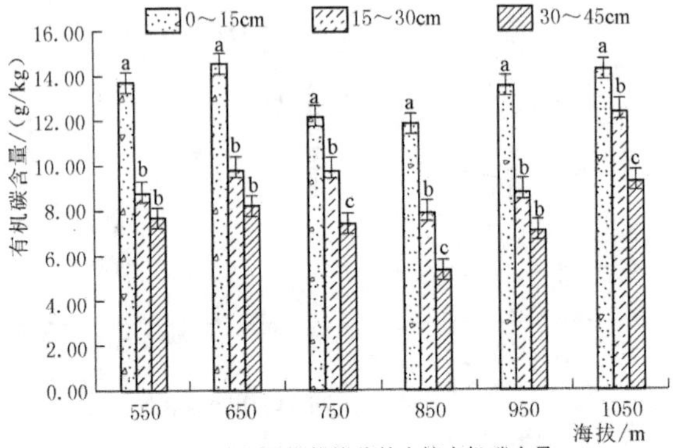

（a）不同海拔橡胶林土壤有机碳含量

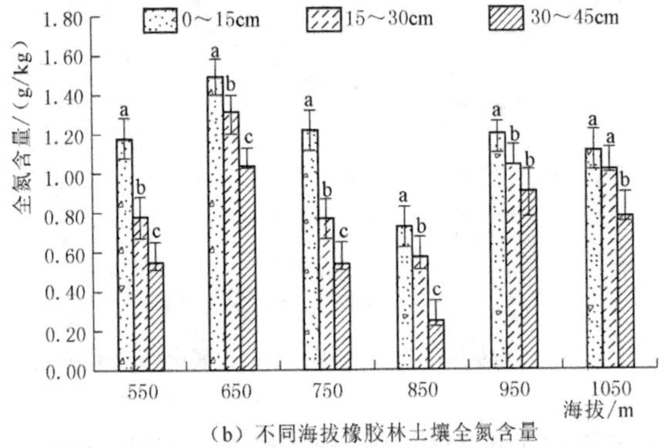

（b）不同海拔橡胶林土壤全氮含量

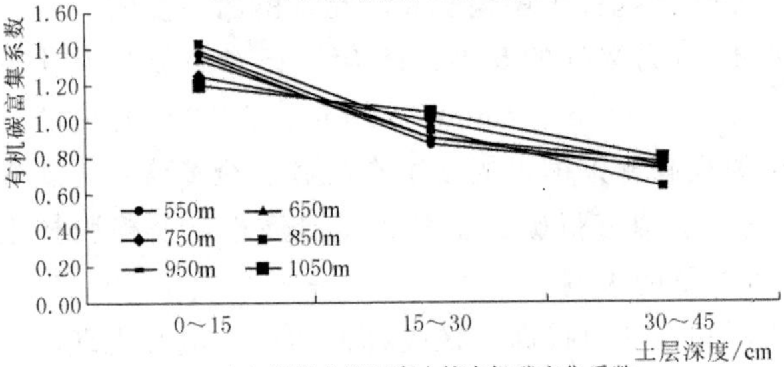

（c）不同土层深度土壤有机碳富集系数

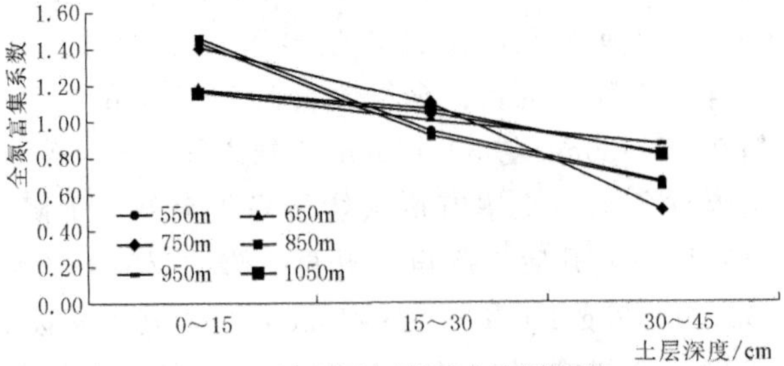

（d）不同土层深度全氮富集系数

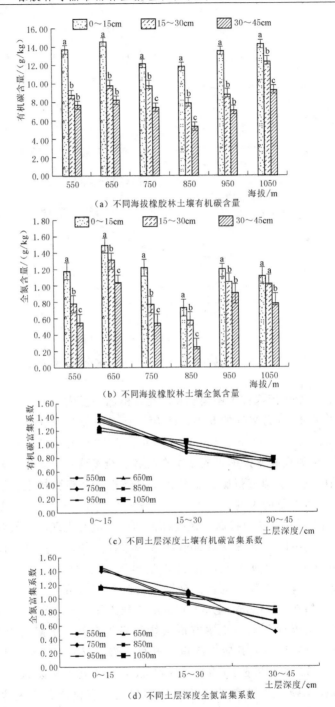

图 3.15　不同海拔橡胶林采样点土壤有机碳、全氮含量及其富集系数

注：相同字母表示在 0.05 显著性水平上差异不显著，不同字母表示在 0.05 显著性水平上差异显著。

土壤有机碳含量最高值出现在1050m橡胶林采样点，为11.95g/kg；土壤全氮含量最高值出现在650m橡胶林采样点，为1.28g/kg，这与土壤水稳性团聚体粒级分布及团聚体水稳定性特征结果一致。橡胶林土壤平均有机碳含量呈现出1050m＞650m＞550m＞950m＞750m＞850m的空间分异特征，橡胶林土壤平均全氮含量呈现出650m＞950m＞1050m＞750m＞550m＞850m的空间分异特征。550m、650m、750m、950m和1050m橡胶林0～45cm土层中，土壤有机碳含量比850m橡胶林分别高20.55%、30.17%、17.43%、17.55%和43.63%，土壤全氮含量则分别高62.75%、150.98%、64.71%、105.88%和90.20%，说明海拔对橡胶林土壤全氮含量的影响更大。

由图3.15可知，各海拔橡胶林土壤有机碳、全氮富集系数均随着土层加深而降低。各海拔橡胶林土壤有机碳、全氮富集系数在0～15cm土层均大于1，其中750m、1050m橡胶林土壤有机碳和650m、750m、1050m橡胶林土壤全氮富集系数在15～30cm土层也大于1，其他土层均小于1，表明土壤有机碳、全氮主要富集在0～30cm土层，尤其是0～15cm土层，说明海拔对橡胶林土壤有机碳、全氮含量的影响主要体现在表层土壤，这与土壤有机碳、全氮含量研究结果相一致。

3.1.4 橡胶林土壤的水稳性团聚体特征

土壤团聚体分布特征是指团聚体数量和大小的分布、组合状况，其决定土壤抗蚀性、孔隙分布、可塑性、结皮等物理过程的速度和强度，直接决定土壤团聚体的稳定性。研究橡胶林土壤水稳性团聚体分布及稳定性特征，有助于了解土壤结构的变化趋势，为水土保持和提高土壤质量提供科学基础。土壤团聚体稳定性包括机械稳定性和水稳定性，而导致土壤中团聚体破碎的主要因素是水分，因此，对土壤团聚体稳定性的研究主要是指对土壤中水稳定性团聚体的研究。对土壤团聚体稳定性的研究，近年来一些学者主要采用结构体平均重量直径、几何平均直径及分形维数来评价，但单一指标包含的信息非常有限，很难真正区分和判别各类土壤团聚体性状与特征，很难以结构体为指标确切表征土壤肥力性状与实质。土壤团聚体分形维数与平均质量直径、几何平均直径关系密切，将3种评价指标相结合进行评价，在反映土壤团聚体质量方面具有更高的灵敏性和准确性。

3.1.4.1 不同林龄橡胶林土壤水稳性团聚体含量

不同粒径团聚体的数量分布及空间排列直接决定了土壤孔隙的大小和连续性，从而影响土壤结构和水力性质，因此不同粒径团聚体在养分的保持和供应中的作用不同。由表3.3可知，15年橡胶林在0～15cm土层中，粒径大于2mm的土壤水稳性团聚体含量占主要部分；5年、25年橡胶林各土层中，粒径为 2～0.25mm 和小于 0.25mm 的水稳性团聚体含量占比均超过 70%。随着林龄的增加，粒径大于 2mm 的土壤水稳性团聚体含量呈先增后减的趋势，具体表现为 15 年>25 年>5 年；粒径为 2～0.25mm 的土壤水稳性团聚体含量随林龄变化呈现 25 年>5 年>15 年的特征；粒径小于 0.25mm 的土壤水稳性团聚体含量随林龄变化呈现 5 年>25 年>15 年的特征。热带雨林各土层均以粒径大于 2mm 的土壤水稳性团聚体为主，且随着粒径减小，水稳性团聚体含量递减。总体上，粒径大于 2mm 的土壤水稳性团聚体含量特征表现为热带雨林>15 年>25 年>5 年；粒径小于 0.25mm 的土壤水稳性团聚体含量特征表现为 5 年>25 年>15 年>热带雨林，说明橡胶树林龄对土壤大粒径和最小粒径团聚体影响较大。

表 3.3　不同林龄橡胶林和热带雨林采样点土壤水稳性团聚体分布特征

林型	土壤水稳性团聚体粒径百分比/%								
	0～15cm			15～30cm			30～45cm		
	>2mm	2～0.25mm	<0.25mm	>2mm	2～0.25mm	<0.25mm	>2mm	2～0.25mm	<0.25mm
5 年	19.82	33.31	46.88	17.26	37.36	45.39	13.81	41.62	44.58
15 年	46.06	20.36	33.59	35.11	29.12	35.77	24.16	33.20	42.65
25 年	27.85	33.54	38.62	18.43	43.57	38.01	16.41	45.68	37.92
热带雨林	60.48	29.49	10.04	53.14	37.92	8.95	46.14	46.09	7.78

不同林龄橡胶林以及热带雨林中，随土层深度增加，粒径大于 2mm 的水稳性团聚体含量均表现出递减趋势，且除 5 年橡胶林变化趋势不明显外，其他林型均表现出从 0～15cm 到 15～30cm 土层显著减少趋势，而 15～30cm 到 30～45cm 土层差异不明显；粒径 2～0.25mm 水稳性团聚体含量则呈随土层深度增加而递增的趋势；粒径小于 0.25mm 水稳性团聚体中，除 15 年橡胶林表现出随土层深度增加而递增外，其他林龄橡胶林呈随土层深度增加而递减趋势，但其变化趋势均不显著。这说明在橡胶林种植、生长和管理过程中，橡胶林土壤团聚体的空间分异特征可能还受到人为活动（如割胶、施肥、除草等）和林下植被盖度等因素影响。

粒径大于 0.25mm 团聚体被称为土壤团粒结构体，该粒径的水稳性团聚体是土壤中最稳定的结构体，其数量与土壤的抗蚀能力呈正相关。在不同林型及不同深度土层中，大于 0.25mm 水稳性团聚体含量均占主要部分，热带雨林中大于 0.25mm 水稳性团聚体含量占比在 90%以上。在 0～15cm 和 15～30cm 土层中，大于 0.25mm 水稳性团聚体含量占比表现为热带雨林>15 年>25 年>5 年，30～45cm 土层上表现为热带雨林>25 年>15 年>5 年。这说明热带雨林相较于橡胶林，其土壤稳定性更好，抗蚀能力更强；而在不同林龄橡胶林中，土壤结构稳定性则表现为 15 年>25 年>5 年。

3.1.4.2 不同林龄橡胶林土壤水稳性团聚体稳定性特征

（1）土壤水稳性团聚体 MWD 和 GMD 分析。为了更全面准确地反映土壤结构稳定性，以平均重量直径、几何平均直径以及分形维数值作为衡量指标进行分析，MWD、GMD 值越大，D 值越小，则表明土壤团聚体的平均粒径团聚度越高，抗蚀性越强，稳定性越高。

如图 3.16 所示，土壤水稳性团聚体 MWD 和 GMD 值均表现出相同趋势。在不同林龄橡胶林中，MWD 和 GMD 值均表现为 15 年>25 年>5 年，说明 15 年橡胶林土壤稳定性高于 25 年橡胶林，而 25 年橡胶林土壤稳定性高于

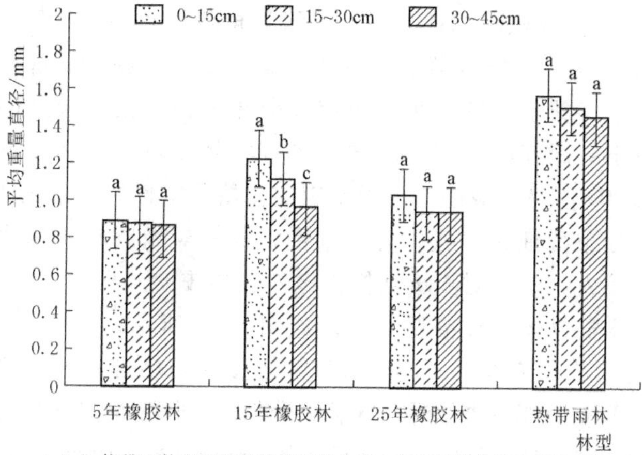

（a）热带雨林和不同林龄橡胶林土壤水稳性团聚体平均重量直径

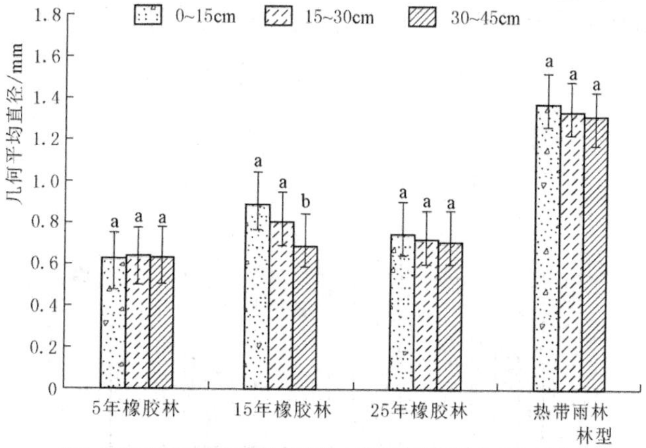

（b）热带雨林和不同林龄橡胶林土壤水稳性团聚体几何平均直径

图 3.16 橡胶林和热带雨林采样点土壤水稳性团聚体平均重量直径和几何平均直径

5 年橡胶林。这是由于 15 年橡胶林正处于高产胶期，施肥最多，且胶农进行林下除草，从而导致土壤养分较高；而 25 年橡胶林濒临砍伐换代期，多年割胶导致土壤养分流失严重，再加上无人看管、林下草被茂盛、养分流失，导致其土壤稳定性低于 15 年橡胶林；而 5 年橡胶林则是由于刚种植不久，种植橡胶树时对土层的破坏还没有恢复，再加上橡胶幼树根系不发达，导致土壤结构不稳定。

热带雨林 MWD 和 GMD 值显著高于橡胶林，说明热带雨林的土壤稳定性更好，这是由于热带雨林内生态系统组成与结构较为完善，植被盖度高，土壤有机碳、氮等养分元素含量较高，特别是土壤有机碳是土壤团聚体形成的良好胶结剂，导致热带雨林土壤结构稳定性较高。5 年、25 年橡胶林以及热带雨林 MWD 和 GMD 值在不同土层间差异不显著（$P>0.05$），说明其垂直稳定性较好，而 15 年橡胶林在不同土层间差异显著（$P<0.05$），说明其垂直稳定性较差，这是由于 15 年橡胶林正处于高产胶期，割胶、除草、施肥等人为活动频繁，且伴随着割胶而来的土壤养分流失，导致土层之间土壤结构差异较大；随着土层深度的增加，不同林龄橡胶林及热带雨林土壤水稳性团聚体 MWD 和 GMD 值呈递减趋势，说明表层土壤稳定性高于下层土壤，这与不同粒径团聚体分布特征相一致。总体来说，林龄对橡胶林土壤水稳性团聚体垂直分布影响较大，进而对土壤结构稳定性影响较大。

（2）土壤水稳性团聚体分维特征。如图 3.17 所示，5 年橡胶林水稳性团聚体 D 值最高，其次依次是 15 年、25 年橡胶林和热带雨林，热带雨林土壤水稳性团聚体 D 值远低于橡胶林，说明热带雨林土壤稳定性最高，这与水稳性团聚体 MWD 和 GMD 分析结果一致。随着土层深度的增加，5 年、25 年橡胶林及热带雨林土壤水稳性团聚体 D 值均呈递减趋势，但 5 年、25 年橡胶林

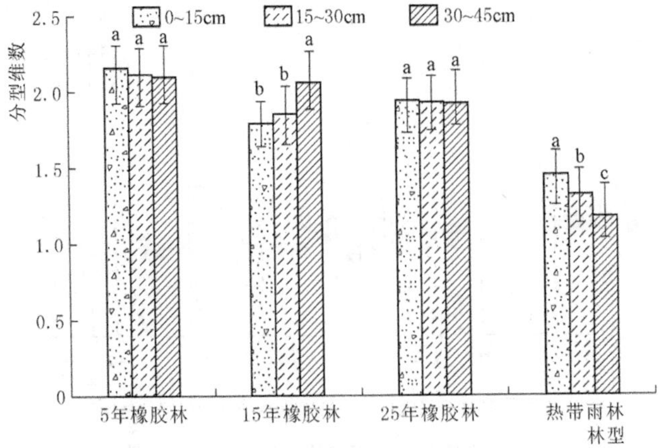

图 3.17　不同橡胶林和热带雨林采样点土壤水稳性团聚体分形维数

各土层间差异不明显（$P>0.05$），说明其垂直土壤结构稳定性好；15 年橡胶林随土层深度增加表现出显著递增趋势（$P<0.05$），说明其表层土壤结构稳定性高于下层土壤，但垂直土壤结构稳定性较差。

（3）不同海拔橡胶林土壤水稳性团聚体含量及稳定性。

1）不同海拔橡胶林土壤水稳性团聚体含量。由表 3.4 可知，不同海拔橡胶林在 0～15cm 土层中，粒径大于 2mm 和小于 0.25mm 的土壤水稳性团聚体含量占主要部分；而在 15～30cm 和 30～45cm 土层中，则是 2～0.25mm 和小于 0.25mm 的土壤水稳性团聚体占比相对较大。随着海拔高度的增加，粒径大于 2mm 和小于 0.25mm 的土壤水稳性团聚体呈先升高后降低再升高再降低的反双峰趋势，在海拔 850m 处，粒径大于 2mm 的土壤水稳性团聚体含量达到最低值，各土层含量占比均在 22%以下，但粒径小于 0.25mm 的土壤水稳性团聚体含量在 850m 处达到最高值，各土层含量占比均在 48%以上；而粒径在 2～0.25mm 的土壤水稳性团聚体含量随海拔升高呈现出与其他粒径团聚体相反的趋势，在 950m 处达到最低值，各土层含量占比在 26%以下，且含量相近。这说明海拔 850m 处橡胶林土壤大粒径水稳性团聚体较少，土壤结构稳定性低于其他海拔橡胶林。

表 3.4　　不同海拔橡胶林采样点土壤水稳性团聚体分布特征

海拔/m	土壤水稳性团聚体粒径百分比/%								
	0～15cm			15～30cm			30～45cm		
	>2mm	2～0.25mm	<0.25mm	>2mm	2～0.25mm	<0.25mm	>2mm	2～0.25mm	<0.25mm
550	45.25	24.45	30.31	28.95	36.92	34.14	19.72	43.58	36.71
650	46.06	20.36	33.59	35.11	29.12	35.77	24.16	33.20	42.65
750	36.53	30.15	33.33	32.39	33.94	33.68	26.33	35.49	38.19
850	21.43	30.03	48.55	15.77	33.13	51.11	12.73	34.80	52.48
950	49.98	21.37	28.66	46.65	24.65	28.70	42.53	25.15	32.33
1050	46.72	33.96	19.33	27.44	37.80	34.77	23.89	40.44	35.68

不同土层中，粒径大于 2mm 的土壤水稳性团聚体含量呈随土层深度增加而递减趋势，而 2～0.25mm 和小于 0.25mm 土壤水稳性团聚体含量呈随土层深度增加而递增趋势。其中在 0～15cm 土层，粒径大于 2mm 的土壤水稳性团聚体含量最高，其次依次是粒径小于 0.25mm 土壤水稳性团聚体含量和 2～0.25mm 土壤水稳性团聚体含量，其他土层则无明显趋势。在海拔 850m 处，土壤水稳性团聚体含量呈现出随着粒径减少而递增的趋势，这说明海拔 850m 处橡胶林土壤大粒径水稳性团聚体较少，土壤结构稳定性较差。

在 0～15cm 土层中，海拔 1050m 处橡胶林粒径大于 0.25mm 土壤水稳性团聚体含量最高，而海拔 850m 处含量最低，其他海拔橡胶林差异不大，这说明海拔 1050m 处橡胶林表层土壤结构最稳定，850m 处橡胶林表层土壤结构最不稳定。在 15～30cm 和 30～45cm 土层中，海拔 950m 处橡胶林粒径大于 0.25mm 土壤水稳性团聚体含量最高，而海拔 850m 处含量最低，其他海拔橡胶林差异不大，这说明海拔 950m 处橡胶林 15～30cm 和 30～45cm 下层土壤结构最稳定，而 850m 处橡胶林 15～30cm 和 30～45cm 下层土壤结构最不稳定。总体来说，海拔 850m 处橡胶林土壤稳定性最差，其他海拔橡胶林土壤稳定性差异不大。

2）不同海拔橡胶林土壤水稳性团聚体稳定性特征。

a. 土壤水稳性团聚体 MWD 和 GMD 分析。如图 3.18 所示，不同海拔橡胶林土壤水稳性团聚体 MWD 和 GMD 值均表现出相同趋势，大体呈随海拔上

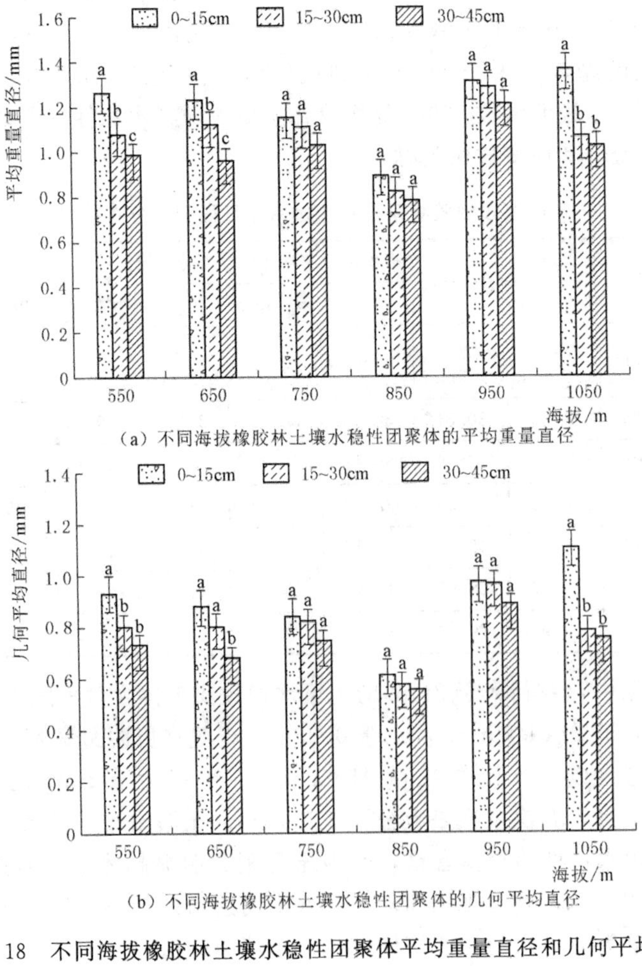

（a）不同海拔橡胶林土壤水稳性团聚体的平均重量直径

（b）不同海拔橡胶林土壤水稳性团聚体的几何平均直径

图 3.18　不同海拔橡胶林土壤水稳性团聚体平均重量直径和几何平均直径

升而先下降再上升的趋势，尤其是在0～15cm土层表现极为明显，其最低值出现在海拔850m处，最高值出现在海拔1050m处，说明850m处橡胶林表层土壤稳定性最差，1050m处橡胶林表层土壤稳定性最好，其他海拔橡胶林表层土壤稳定性差异不显著；15～30cm、30～45cm土层土壤水稳性团聚体MWD和GMD值呈随海拔上升而先上升后下降再上升再下降的反双峰趋势，最低值依然在海拔850m处，但最高出现在海拔950m处，说明850m处橡胶林下层土壤稳定性最差，950m处橡胶林下层土壤稳定性最好，其他海拔橡胶林下层土壤差别不大。随着土壤深度的增加，MWD、GMD值均表现出递减趋势，海拔550m、650m处橡胶林各土层之间差异较显著（$P<0.05$），说明其土壤稳定性垂直差异较大；海拔750m、850m、950m处橡胶林各土层间差异不明显（$P>0.05$），土壤垂直稳定性较好；海拔1050m处橡胶林在0～15cm土层高于其他海拔橡胶林，但15～30cm、30～45cm土层之间差异不大，且远低于0～15cm土层，说明其表层土壤稳定性很好，但垂直稳定性很差。总体来说，海拔850m处橡胶林土壤结构稳定性最差，海拔950m处橡胶林土壤结构综合稳定性最好，海拔1050m处橡胶林表层土壤结构最稳定，但垂直稳定性最差，其他海拔橡胶林土壤稳定性处于中间值。

b. 土壤水稳性团聚体分维特征分析。如图3.19所示，不同海拔橡胶林土壤水稳性团聚体分形维数（D）大致呈现与MWD、GMD值相反的趋势。海拔850m处橡胶林土壤水稳性团聚体D值最高，且明显高于其他海拔，说明其土壤结构稳定性最差，但不同土层D值差异不显著（$P>0.05$），说明其垂直稳定性较好；海拔950m处橡胶林土壤水稳性团聚体D值最低，说明其稳定性最好，这与MWD、GMD分析结果一致；其他海拔橡胶林土壤水稳性团聚体D值差异不大，总体上呈现随海拔的上升而升高的趋势。

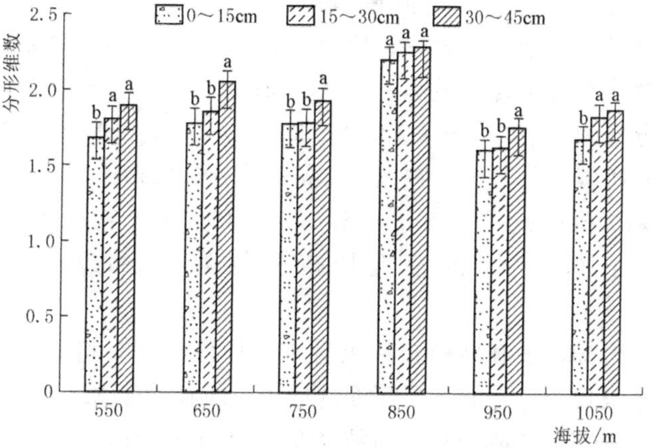

图3.19 不同海拔橡胶林土壤水稳性团聚体分形维数

3.1.4.3　橡胶林土壤水稳性团聚体有机碳、全氮变化特征

土壤有机碳对团聚体的形成和分布起到重要作用，土壤团聚体有机碳是联系土壤团聚体与有机碳的“纽带”和“桥梁”，有机碳的输入促进土壤大粒径团聚体含量增加，增强了土壤稳定性，而土壤团聚体对土壤有机碳的物理保护作用也可以有效提高土壤固碳能力。植被演变过程中生态系统往往受到氮的限制性循环影响，这是因为不同粒径团聚体在氮固定及氮转化中的作用力度不同。不同粒径团聚体中，土壤有机碳、全氮含量差异较大。通过研究不同林龄、海拔土壤团聚体有机碳、全氮含量差异，分析土壤团聚体有机碳对总有机碳含量的贡献率，不同粒级团聚体有机碳、全氮对土壤恢复的响应特征，以深入了解橡胶林土壤有机碳、全氮的固持与循环效应。

(1) 不同林龄橡胶林土壤水稳性团聚体有机碳含量。由图 3.20 可知，在同一粒径水稳性团聚体中，各林龄橡胶林土壤有机碳含量大小顺序为 15 年＞5 年＞25 年，这与土壤总有机碳的变化趋势一致。热带雨林土壤水稳性团聚体有机碳含量在 0～30cm 土层远高于橡胶林，差异显著（$P<0.05$），但在 30～45cm 土层上，粒径大于 2mm 和小于 0.25mm 水稳性团聚体有机碳含量要低于 15 年橡胶林，与 5 年橡胶林相近，只有粒径 2～0.25mm 水稳性团聚体有机碳含量稍高于 15 年橡胶林。

随着土层深度增加，各粒径土壤水稳性团聚体有机碳含量呈递减趋势。同一土层 2～0.25mm 粒径水稳性团聚体有机碳含量最高，微团聚体（粒径小于 0.25mm）有机碳含量最低，有机碳主要富集于大团聚体（粒径大于 0.25mm），其有机碳含量占总机碳含量的 67%以上。

在 0～15cm 土层中，15 年橡胶林水稳性团聚体有机碳含量远高于 5 年、25 年橡胶林，且 5 年、25 年橡胶林在 0～15cm 土层之间水稳性团聚体有机碳含量差异不显著（$P>0.05$）；但在 15～45cm 土层中，5 年、15 年橡胶林水稳性团聚体有机碳含量高于 25 年橡胶林。橡胶林中，15 年橡胶林同一粒径土壤水稳性团聚体有机碳含量最高，在大于 2mm、2～0.25mm、小于 0.25mm 粒径上均值分别为 11.38g/kg、12.28g/kg 和 11.02g/kg；25 年橡胶林土壤水稳性团聚体有机碳含量最低，在大于 2mm、2～0.25mm、小于 0.25mm 粒径上均值分别为 6.66g/kg、7.30g/kg 和 5.93g/kg；热带雨林在大于 2mm、2～0.25mm、小于 0.25mm 粒径上均值分别为 15.92g/kg、17.79g/kg 和 14.20g/kg。

由表 3.5 可知，各林龄橡胶林土壤水稳性团聚体有机碳对土壤总有机碳含量的贡献率表现为：随着土层深度的增加，粒径大于 2mm 土壤水稳性团聚体有机碳的贡献率呈递减趋势，而粒径 2～0.25mm 和粒径小于 0.25mm 土壤水稳性团聚体有机碳的贡献率则呈递增趋势，这与不同林龄橡胶林土壤水稳

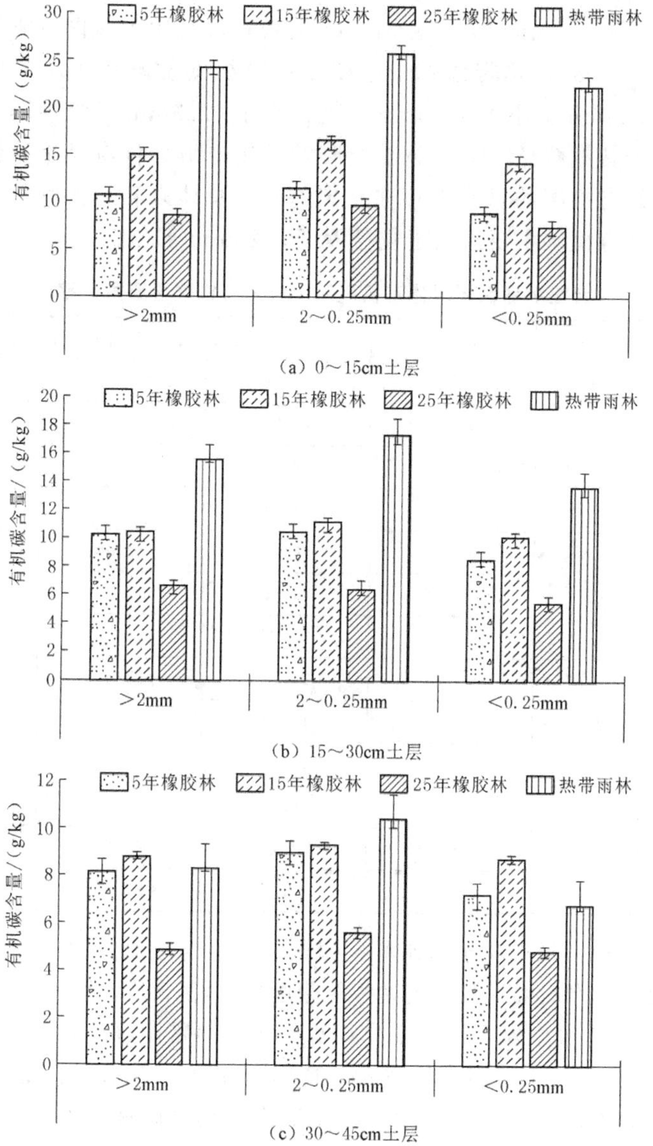

图 3.20 不同橡胶林和热带雨林采样点土壤水稳性团聚体有机碳含量

性团聚体成分含量变化趋势一致。热带雨林中，粒径大于 2mm 和粒径小于 0.25mm 土壤水稳性团聚体有机碳的贡献率随土层深度增加呈递减趋势，粒径 2～0.25mm 水稳性团聚体有机碳贡献率随土层深度增加呈递增趋势。5 年、25 年橡胶林各粒径土壤水稳性团聚体有机碳贡献率大小顺序为：2～0.25mm、小于 0.25mm、大于 2mm，粒径大于 2mm 水稳性团聚体有机碳贡献率远小于其他粒径；15 年橡胶林土壤团聚体有机碳贡献率大小顺序为：小于 0.25mm、大于 2mm、2～0.25mm，各粒径水稳性团聚体有机碳贡献率差异不大（$P>0.05$）；热带雨林土壤团聚体有机碳贡献率大小顺序为：大于 2mm、2～0.25mm、小于 0.25mm，粒径小于 0.25mm 水稳性团聚体有机碳贡献率远小于其他粒径。不同林龄橡胶林及热带雨林各粒径水稳性团聚体有机碳对土壤总有机碳的贡献率存在一定差异。总体来看，橡胶林和热带雨林水稳性团聚体有机碳主要富集于粒径大于 0.25mm 部分。

表 3.5　土壤水稳性团聚体有机碳对土壤总有机碳含量贡献率

林型	林龄/年	土壤层次/cm	土壤水稳性团聚体粒径百分比/%		
			>2mm	2～0.25mm	<0.25mm
橡胶林	5	0～15	17.92	32.26	35.35
		15～30	17.53	38.51	38.19
		30～45	14.21	45.15	40.46
	15	0～15	44.45	20.04	28.87
		15～30	34.19	30.08	33.09
		30～45	23.06	34.72	41.47
	25	0～15	24.65	33.40	29.86
		15～30	18.14	41.42	32.91
		30～45	13.88	48.88	34.25
热带雨林		0～15	59.73	30.14	7.47
		15～30	51.45	40.75	5.91
		30～45	42.11	53.44	4.11

（2）不同林龄橡胶林土壤水稳性团聚体全氮含量。由图 3.21 可知，在同一粒径尺度下，各林龄橡胶林土壤水稳性团聚体全氮含量大小顺序为 15 年>5 年>25 年，这与土壤全氮含量的变化趋势一致。热带雨林土壤水稳性团聚体全氮含量在 0～30cm 土层高于橡胶林，特别是在 0～15cm 土层远高于橡胶林，差异显著（$P<0.05$）；在 30～45cm 土层中，热带雨林土壤水稳性团聚体全氮含量低于 15 年橡胶林，但高于 5 年和 25 年橡胶林。

随着土层深度的增加，各粒径土壤水稳性团聚体全氮含量呈递减趋势。同一土层中，小于 0.25mm 粒径水稳性团聚体全氮含量最低，2～0.25mm 粒径水稳性团聚体全氮含量最高，其中大团聚体（粒径大于 0.25mm）全氮含量占土体全氮含量的 60%以上，说明土壤全氮含量主要富集于大团聚体（粒径大于 0.25mm）中，与土壤水稳性团聚体有机碳含量富集于大团聚体（粒径大于 0.25mm）特征一致。

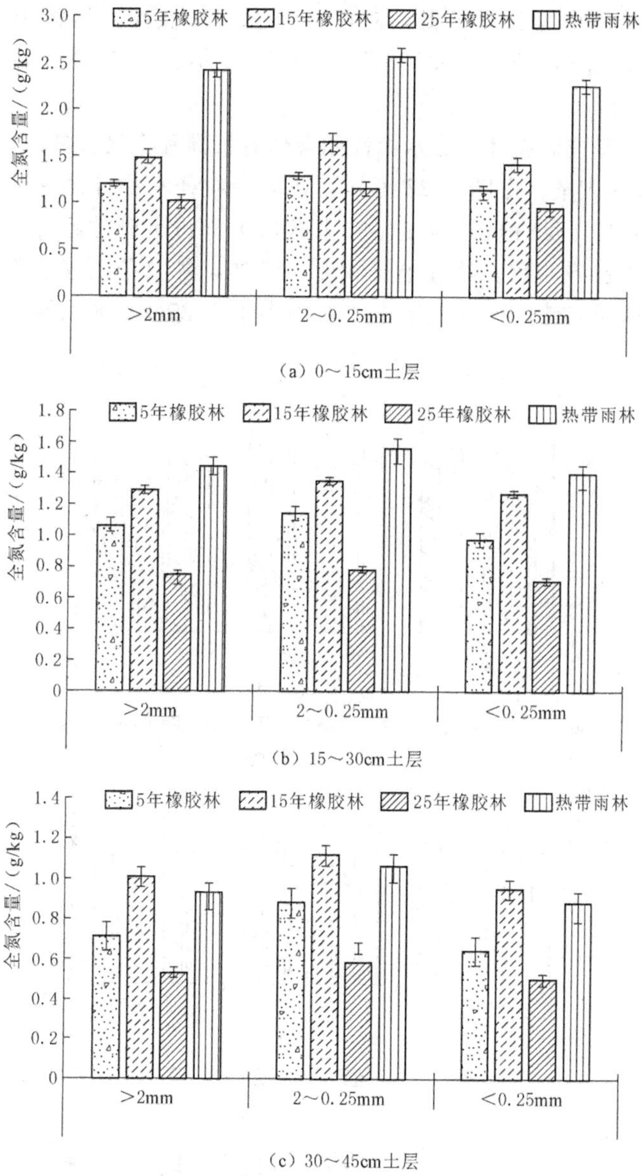

（a）0～15cm土层

（b）15～30cm土层

（c）30～45cm土层

图 3.21 不同林龄橡胶林和热带雨林采样点土壤水稳性团聚体全氮含量

热带雨林大于 2mm、2～0.25mm、小于 0.25mm 粒径土壤水稳性团聚体全氮含量分别为 1.59g/kg、1.74g/kg 和 1.51g/kg，高于橡胶林对应粒径土壤水稳性团聚体全氮含量。橡胶林中，15 年橡胶林土壤水稳性团聚体全氮含量最高，大于 2mm、2～0.25mm、小于 0.25mm 粒径土壤水稳性团聚体全氮含量均值分别为 1.26g/kg、1.38g/kg 和 1.21g/kg，25 年橡胶林土壤水稳性团聚体全氮含量最低，对应粒径土壤水稳性团聚体全氮含量分别为 0.77g/kg、0.84g/kg 和 0.72g/kg，其中 15 年、25 年橡胶林之间差异显著（$P<0.05$）。

（3）不同海拔橡胶林土壤水稳性团聚体有机碳和全氮含量。

1）有机碳含量。由图 3.22 可知，在同一粒径水稳性团聚体中，随着海拔上升，橡胶林土壤有机碳含量呈先上升后下降再上升的趋势，这与土壤总有机碳的变化趋势一致。随着土层深度的增加，各粒径土壤水稳性团聚体有机碳含量呈递减趋势，同一土层中，粒径小于 0.25mm 水稳性团聚体有机碳

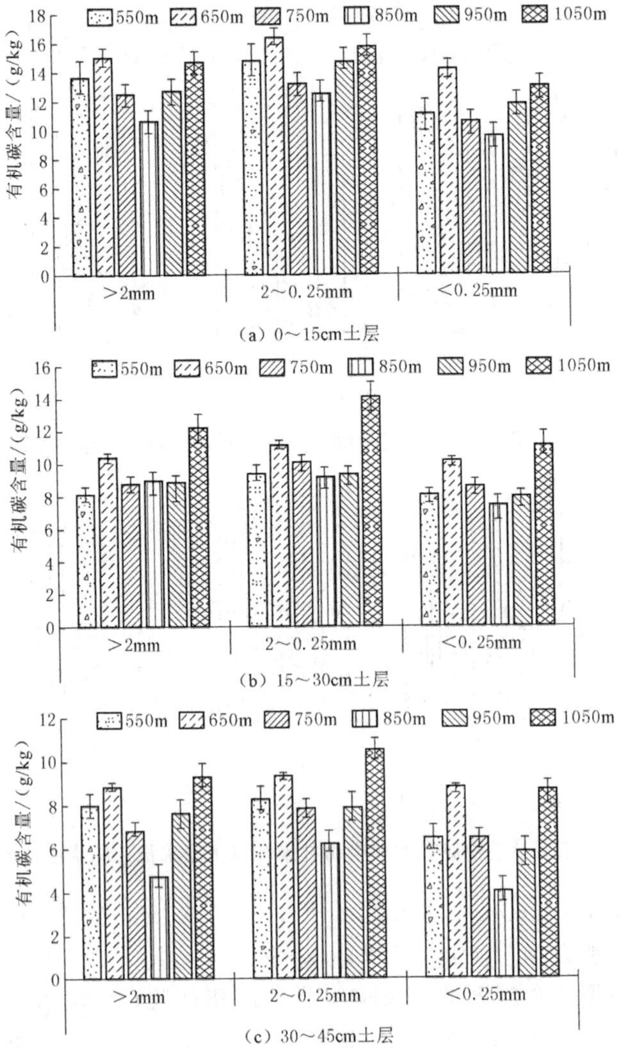

图 3.22　不同海拔橡胶林土壤水稳性团聚体有机碳含量

含量最低，粒径为2～0.25mm水稳性团聚体有机碳含量最高，但之间差异并不显著（$P>0.05$），大团聚体（粒径大于0.25mm）有机碳含量占水稳性团聚体有机碳含量的67%以上，说明研究区橡胶林土壤有机碳主要富集于大于0.25mm团聚体中，这与橡胶林对土壤团聚体的形成具有促进作用和土壤团聚体对有机碳的物理保护作用有关。同一粒径尺度上，海拔850m橡胶林土壤水稳性团聚体有机碳含量最低，在大于2mm、2～0.25mm、小于0.25mm粒径上均值分别为8.07g/kg、9.27g/kg和6.99g/kg；海拔650m橡胶林在0～15cm土层上土壤水稳性团聚体有机碳含量最高，分别为14.98g/kg、16.46g/kg和14.23g/kg；而海拔1050m橡胶林则在15～45cm土层上土壤水稳性团聚体有机碳含量最高，分别为10.72g/kg、12.27g/kg和9.77g/kg，其他海拔橡胶林之间差异不大。

由表3.6可知，随着土层深度的加深，粒径大于2mm土壤水稳性团聚体有机碳的贡献率呈递减趋势，而粒径为2～0.25mm和粒径小于0.25mm土壤水稳性团聚体有机碳的贡献率则呈递增趋势，这与不同海拔橡胶林土壤水稳性团聚体成分含量变化趋势一致。除海拔850m、950m橡胶林外，0～15cm土层粒径大于2mm水稳性团聚体有机碳对总有机碳的贡献率最高，而15～30cm土层上则是粒径为2～0.25mm和粒径小于0.25mm水稳性团聚体的贡献率占主要部分；海拔850m橡胶林在各土层中均表现为粒径大于2mm水稳性团聚体的贡献率最低，而海拔950m橡胶林则正好相反。总体来看，除海拔850m橡胶林粒径小于0.25mm水稳性团聚体有机碳对土壤有机碳贡献率稍高之外，其他海拔橡胶林土壤有机碳贡献率均以粒径大于2mm和2～0.25mm水稳性团聚体的贡献率为主，这表明粒径大于0.25mm的大团聚体是土壤总有机碳的主要贡献载体。

表3.6　不同海拔土壤水稳性团聚体有机碳对土壤总有机碳含量贡献率

海拔/m	土壤层次/cm	土壤水稳性团聚体粒径百分比/%		
		>2mm	2～0.25mm	<0.25mm
550	0～15	45.11	26.42	24.43
	15～30	27.02	39.92	31.51
	30～45	20.44	43.10	35.91
650	0～15	44.45	20.04	28.87
	15～30	34.19	30.08	33.09
	30～45	23.06	34.72	41.47

续表

海拔/m	土壤层次/cm	土壤水稳性团聚体粒径百分比/%		
		>2mm	2～0.25mm	<0.25mm
750	0～15	37.37	32.65	28.81
	15～30	29.19	35.16	29.73
	30～45	23.95	37.50	32.92
850	0～15	19.12	31.78	39.11
	15～30	17.03	36.65	45.50
	30～45	11.21	40.40	47.56
950	0～15	50.84	23.28	24.82
	15～30	48.18	25.25	25.02
	30～45	45.73	26.04	25.54
1050	0～15	46.12	36.46	15.64
	15～30	27.03	41.20	31.21
	30～45	21.96	43.69	32.67

2）全氮含量。如图 3.23 所示，不同海拔橡胶林土壤水稳性团聚体全氮含量存在差异，同一团聚体粒级下，除 15～30cm 土层的大于 2mm 和小于 0.25mm 粒级外，随着海拔的上升土壤水稳性团聚体全氮含量呈先上升后下降再上升再下降的反双峰趋势，这与各海拔橡胶林土壤全氮含量的变化趋势一致。在 15～30cm 土层中，大于 2mm 和小于 0.25mm 粒级水稳性团聚体全氮含量在海拔 1050m 处高于 950m，但二者之间差异不显著（$P>0.05$）。

随着土层深度的增加，各粒径土壤水稳性团聚体全氮含量呈递减趋势。同一土层中，微团聚体（粒径小于 0.25mm）水稳性团聚体全氮含量最低，粒径为 2～0.25mm 水稳性团聚体全氮含量最高，大团聚体（粒径大于 0.25mm）全氮含量占比均在 65%以上，表明研究区橡胶林土壤全氮主要储存于大团聚体（粒径大于 0.25mm）中，这与林地对土壤团聚体的形成具有促进作用和土壤团聚体对氮素的物理保护作用有关。同一粒径尺度上，海拔 850m 橡胶林土壤水稳性团聚体全氮含量最低，在大于 2mm、2～0.25mm、小于 0.25mm 粒径上均值分别为 0.5g/kg、0.56g/kg 和 0.46g/kg；海拔 650m 橡胶林土壤水稳性团聚体全氮含量最高，分别为 1.26g/kg、1.38g/kg 和 1.21g/kg，其他海拔橡胶林土壤水稳性团聚体全氮含量在 0～15cm 土层差

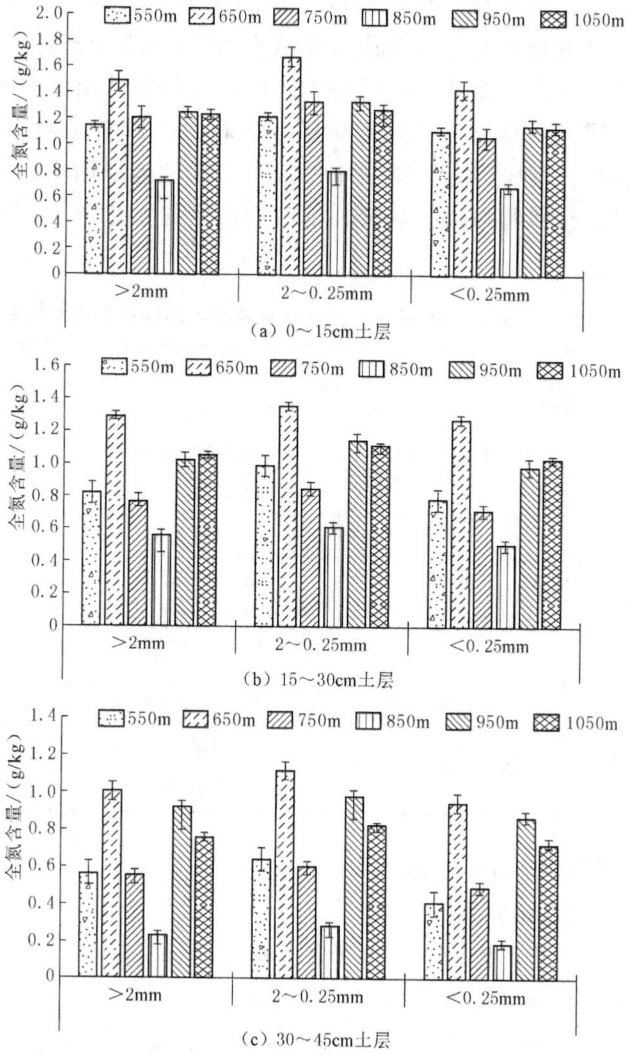

图 3.23 不同海拔橡胶林土壤水稳性团聚体全氮含量

异不大（$P>0.05$），但在 15～45cm 土层中海拔 550m、750m 橡胶林土壤水稳性团聚体全氮含量明显低于海拔 950m、1050m，差异显著（$P<0.05$）。

3.2 橡胶林和热带雨林土壤水源涵养能力研究

3.2.1 指标选取

根据西双版纳各林型的生态环境特征，按照指标选取过程中的综合性、科学性、因地制宜和可操作性等原则，基于枯落物因子、土壤因子和地形因子选择能够代表和反映热带森林水源涵养功能的10个指标，构建其森林水源涵养功能评价指标体系；运用层次分析法并按照从属关系确定目标层、准则层和指标层，目标层为“西双版纳不同林龄橡胶林土壤水源涵养功能评价”；准则层为“枯落物因子”“土壤因子”和“地形因子”；指标层包括枯落物蓄积量、枯落物最大持水量、枯落物自然含水量等10个指标（见表3.7）。

表3.7　不同林龄橡胶林、茶树林及次生林水源涵养功能评价指标体系

目标层（I）	准则层（B）	指标层（C）	单位
水源涵养功能	枯落物因子（B_1）	枯落物蓄积量（C_1）	t/hm^2
		枯落物最大持水量（C_2）	t/hm^2
		枯落物自然含水量（C_3）	t/hm^2
	土壤因子（B_2）	土壤容重（C_4）	g/cm^3
		毛管孔隙度（C_5）	%
		非毛管孔隙度（C_6）	%
		有机质（C_7）	g/kg
		土壤最大持水量（C_8）	t/hm^2
	地形因子（B_3）	海拔（C_9）	m
		坡度（C_{10}）	(°)

3.2.2　水源涵养功能评价方法

3.2.2.1　指标标准化方法

在进行数据分析及评价时，由于各项描述指标的量纲及其函数关系的不同，各指标间不具有直接可比性，有必要对上述10个指标进行数值标准化。采用模糊隶属度函数来计算各指标的隶属度函数值，即各指标的标准化值。根据实际的各项指标对森林植被水文功能评价的影响及贡献大小，运用极大型、极小型或者适中型的线性函数来确定各个指标的标准化值。极大型表示指标数值越大对水源涵养功能评价则越好的指标；极小型表示指标数值越小对水源涵养功能评价则越好的指标；适中型介于两者之间，指标处于适中的数值对水源涵养功能评价最有利。其中，海拔和坡度对水文功能的影响是采用极小型分布函数确定隶属度值；土壤容重越小，土壤越疏松多孔，土壤的通透性能越好，水源涵养能力也越好。因此，土壤容重指标也采用极小型分布函数确定隶属度值，其余指标均采用极大型分布函数计算隶属度函数值。

（1）极大型：

$$X(E_{ij})=\frac{E_{ij}-m_{ij}}{M_{ij}-m_{ij}}=\begin{cases}1 & (E_{ij}\geqslant M_{ij})\\ \dfrac{E_{ij}-m_{ij}}{M_{ij}-m_{ij}} & (m_{ij}<E_{ij}<M_{ij})\\ 0 & (E_{ij}\leqslant m_{ij})\end{cases} \tag{3.7}$$

（2）极小型：

$$X(E_{ij})=\frac{M_{ij}-E_{ij}}{M_{ij}-m_{ij}}=\begin{cases}1 & (E_{ij}\leqslant M_{ij})\\ \dfrac{M_{ij}-E_{ij}}{M_{ij}-m_{ij}} & (m_{ij}<E_{ij}<M_{ij})\\ 0 & (E_{ij}\geqslant m_{ij})\end{cases} \tag{3.8}$$

式中：$X(E_{ij})$ 为第 i 个评价指标第 j 个方案的隶属度值，取值范围为 [0, 1]，其中 i 为评价指标个数，取值范围为 [0, 15]，j 为方案个数的取值范围为 [0, 5]；E_{ij} 为评价指标的具体值；M_{ij} 和 m_{ij} 分别为第 i 个评价指标第 j 个方案属性值的理论最大值和最小值。

3.2.2.2 指标权重确定方法

指标权重是衡量一个评价指标在整体评价结果中的相对重要程度，权重的大小对一个评价方案的结果有很大影响，本文采用熵权-TOPSIS 法确定西双版纳地区不同森林植被群落的水源涵养功能评价指标权重，首先通过熵权法确定评价指标的权重，再运用 TOPSIS 法利用逼近理想解的方法确定各个评价方案的排序。其计算步骤如下：

（1）构建基于第 i 个评价方案的第 j 个指标的评价系统判断矩阵 x_{ij}，并对判断矩阵进行标准化处理：

$$P_{ij}=\frac{x_{ij}}{\sum_{i=1}^{m}x_{ij}} \quad (i=1,2,\cdots,m;\ j=1,2,\cdots,n) \tag{3.9}$$

（2）计算第 j 个指标的信息熵为

$$\Phi_j=-k\sum_{i=1}^{m}P_{ij}\ln P_{ij} \tag{3.10}$$

其中 $$k=\frac{1}{\ln m} \quad (j=1,2,\cdots,n;\ k\geqslant 0,\Phi_j\geqslant 0)$$

（3）指标 j 的权重系数为

$$\omega_j=\frac{1-\Phi_j}{\sum_{j=1}^{n}(1-\Phi_j)} \quad (\omega_j\in[0,1]) \tag{3.11}$$

3.2.2.3 评价模型构建

本文主要运用多属性综合评价方法（理想点法）综合相关的数据，对西双版纳不同林龄橡胶林土壤水源涵养功能进行综合分析评价。研究区指标体系包含了指标值越大越好的指标以及越小越好的指标，理想点法提出相对最优解，在可供选的决策方案中取值并进行比较，以确定相对最优解即近似理想点，使该方案到近似理想点的距离最小，通过近似理想点，构建理想的决策方案，可避免不同评价决策者因喜好不同造成的最终决策差异。通过理想点原理计算西双版纳各林型的各方案贴近度值 C_i 和相对近似度值 I_i。

$$C_i = 1 - \frac{\sum_{j=1}^{m} y_{ij} x_j^*}{\sum_{j=1}^{m} x_j^{*2}} \quad (i=1,2,\cdots,m;\ j=1,2,\cdots,n) \tag{3.12}$$

$$I_i = \sqrt{\sum_{j=1}^{m} (y_{ij} - x_j^*)^2} \quad (i=1,2,\cdots,m;\ j=1,2,\cdots,n) \tag{3.13}$$

式中：i 为方案个数；j 为评价指标个数；x_j^* 为所求各评价指标理想点值；y_{ij} 为最终决策矩阵 $y=Y\cdot\omega$ 中第 i 方案第 j 指标的值。

3.2.3　水源涵养功能评价及结果

3.2.3.1　指标标准化及权重确定

主要选择 0～10cm 土层的枯落物因子、0～70cm 土层的土壤理化性质及对水文功能影响较大的地形因子评价水源涵养功能。西双版纳地区不同林型植被群落的各项指标值见表 3.8。

表 3.8　不同林龄橡胶林和热带雨林水源涵养功能评价指标值

项目	评价指标	10 年橡胶林	22 年橡胶林	32 年橡胶林	热带雨林
X_1	枯落物蓄积量/(t/hm²)	11.31	25.36	17.45	22.01
X_2	枯落物最大持水量/(t/hm²)	11.65	12.53	12.87	13.8
X_3	枯落物自然含水量/(t/hm²)	5.28	5.76	6.69	5.2
X_4	土壤容重/(g/cm³)	1.56	1.42	1.50	1.49
X_5	毛管孔隙度/%	29.81	33.71	29.36	29.38
X_6	非毛管孔隙度/%	11.14	12.57	13.97	14.22
X_7	有机质/(g/kg)	15.58	18.16	14.52	16.95
X_8	土壤最大持水量/(t/hm²)	3276.72	3702.5	3466.09	3487.81
X_9	海拔/m	728	725	678	758
X_{10}	坡度/(°)	14.5	12	31	34

通过对西双版纳不同森林植被水源涵养功能的 4 个评价方案中的 10 个评价指标数据组成的评价系统进行隶属度函数计算，构成指标标准化矩阵

$X=(x_{ij})_{10\times4}$，通过隶属度函数进行标准化计算后指标矩阵为$Y=(y_{ij})_{10\times4}$，见表3.9。

表3.9 不同林龄橡胶林和热带雨林水源涵养功能评价指标标准化矩阵

项目	评价指标	10年橡胶林	22年橡胶林	32年橡胶林	热带雨林
X_1	枯落物蓄积量	0.124	1	0.507	0.791
X_2	枯落物最大持水量	0	0.345	0.478	0.841
X_3	枯落物自然含水量	0.262	0.513	1	0.220
X_4	土壤容重	0	0.330	0.147	0.164
X_5	毛管孔隙度	0.022	0.213	0	0.001
X_6	非毛管孔隙度	0.554	0.760	0.963	1
X_7	有机质	0.043	0.149	0	0.099
X_8	土壤最大持水量	0	0.330	0.147	0.164
X_9	海拔	0.903	0.909	1	0.845
X_{10}	坡度	0.848	0.957	0.130	0

根据西双版纳不同林龄橡胶林生长特点及热带地区植被群落的土壤水文特征，选择了能够反映出西双版纳地区植被群落土壤水文功能的各项指标，并按照熵值法的基本步骤确定3个准则层10个指标的水源涵养功能评价系统各指标权重，具体结果见表3.10。由表3.10可以看出，土壤因子对水文功能的影响最大，其次为枯落物因子和地形因子。

表3.10 不同林龄橡胶林和热带雨林水源涵养功能评价指标权重

准则层	指标层	指标权重	合计
枯落物因子	枯落物蓄积量（X_1）	0.080	0.224
	枯落物最大持水量（X_2）	0.062	
	枯落物自然含水量（X_3）	0.082	
土壤因子	土壤容重（X_4）	0.109	0.654
	毛管孔隙度（X_5）	0.214	
	非毛管孔隙度（X_6）	0.050	
	有机质（X_7）	0.172	
	土壤最大持水量（X_8）	0.109	
地形因子	海拔（X_9）	0.045	0.122
	坡度（X_{10}）	0.077	

3.2.3.2　水源涵养功能评价

结合熵权法得出的各评价指标权重，运用多属性综合评价方法对西双版纳不同植被群落的土壤水文功能进行综合评价，分别计算出不同林龄橡胶林和热带雨林的土壤水文功能的相对近似度值 I_i 和贴近度值 C_i，其中贴近度值越小则反映该林型的水文功能就越好。

对西双版纳不同植被群落的各评价指标进行综合分析，构建水文功能评价的最终决策矩阵 $y=Y\cdot\omega$，见表 3.11。

表 3.11　不同林龄橡胶林和热带雨林水源涵养功能评价最终决策矩阵

评价指标	10 年橡胶林	22 年橡胶林	32 年橡胶林	热带雨林
枯落物蓄积量（X_1）	0.010	0.081	0.041	0.064
枯落物最大持水量（X_2）	0	0.021	0.029	0.052
枯落物自然含水量（X_3）	0.021	0.042	0.082	0.018
土壤容重（X_4）	0	0.036	0.016	0.018
毛管孔隙度（X_5）	0.005	0.046	0	0
非毛管孔隙度（X_6）	0.028	0.038	0.048	0.050
有机质（X_7）	0.007	0.026	0	0.017
土壤最大持水量（X_8）	0	0.036	0.016	0.018
海拔（X_9）	0.041	0.041	0.045	0.038
坡度（X_{10}）	0.065	0.073	0.010	0

根据理想点法对最终决策矩阵进行分析，10 个评价指标取值范围均为 [0，1]，其中海拔、坡度和土壤容重为极小型指标，即指标取值越小对水文功能越有利，其余指标均为极大型指标，即指标值越大越好，构建近似理想决策方案 $X^*=(x_1^*, x_2^*, \cdots, x_n^*)$。

$$X^*=(0.081,0.062,0.082,0,0.214,0.050,0.172,0.109,0,0)$$

把各评价指标代入式（3.12）和式（3.13）中，得到西双版纳不同林龄橡胶林和热带雨林的各方案水文功能的贴近度值 C_i 和相对近似度值 I_i（表 3.12）。

22 年橡胶林土壤水源涵养功能最高，其次依次为热带雨林、32 年橡胶林和 10 年橡胶林。22 年橡胶林的橡胶产量相对较高，人工管理强度最高，受人工施肥、除草等影响，土壤的水源涵养功能表现最好。10 年橡胶林由于处在幼龄期，林分结构单一，林下植被较少，水文功能最差。32 年橡胶林由于生长年限较长，土壤养分消耗较大，处于林型更新期，人类管护较少，土壤养分含量较低，水文功能处于 10 年和 20 年橡胶林之间。热带雨林土壤水源涵养功能略低于22年橡胶林，说明土壤持水能力不仅受植被、土壤物理性质、土层厚度、地质和地形等自然因素影响，还受人类活动因素影响。盛产期橡胶林得到精心管理，林下土壤层具有良好的结构和功能，从而具有良好的水源涵养功能。

表3.12　不同林龄橡胶林和热带雨林水源涵养功能评价的贴近度（C_i）及相对近似度值（I_i）

项目	10年橡胶林	22年橡胶林	32年橡胶林	热带雨林
C_i	0.942	0.707	0.851	0.839
I_i	0.319	0.259	0.298	0.290

3.3 结　　论

选择西双版纳热带雨林及不同林龄、不同海拔橡胶林为研究对象，分析其土壤粒度、土壤容重、土壤自然含水率、水稳性团聚体稳定性、水稳性团聚体有机碳、全氮特征及其相互关系，从而研究橡胶林土壤团聚体有机碳、全氮变化机理，同时与热带雨林进行对比，分析植被转换背景下土壤有机碳、全氮变化趋势，结合多属性综合评价方法评价西双版纳橡胶林和热带雨林水源涵养功能，为西双版纳橡胶林合理种植及土壤肥力、土壤水源涵养功能恢复提供科学依据，主要研究结果如下：

（1）西双版纳橡胶林土壤自然含水率为21.01%～31.51%，土壤容重为1.45～1.82g/cm^3，土壤总孔隙度为31.22%～43.50%，土壤有机碳含量为5.16～20.13g/kg，土壤全氮含量为0.14～2.06g/kg，土壤全磷含量为0.24～0.32g/kg，土壤全钾含量为8.01～19.75g/kg，其中有机碳、全氮、全磷含量自20世纪50年代至今大致呈下降趋势，但近十年有所回升，全钾含量自20世纪90年代至今呈上升趋势，这都得益于更加科学合理的人工管理。

（2）西双版纳热带雨林土壤有机碳、全氮平均含量高于橡胶林，不同海拔橡胶林土壤有机碳、全氮均值变化范围分别为8.32～11.95g/kg和0.51～1.28g/kg，最低值出现在海拔850m处，海拔对橡胶林土壤全氮含量的影响更大，林龄和海拔对橡胶林土壤有机碳、全氮含量的影响主要体现在表层（0～15cm）土壤。

（3）西双版纳热带雨林粒径大于2mm的土壤水稳性团聚体含量高于橡胶林，粒径小于0.25mm的土壤水稳性团聚体含量低于橡胶林，热带雨林土壤结构稳定性高于橡胶林，且0～15cm表层土壤稳定性高于下层土壤，林龄对橡胶林土壤结构稳定性影响较大。

(4) 西双版纳热带雨林土壤水稳性团聚体有机碳、全氮含量高于橡胶林，大团聚体（大于 0.25mm）是土壤有机碳、全氮含量的主要贡献载体。

(5) 西双版纳热带雨林转变为橡胶林之后，土壤结构稳定性变差，土壤有机碳、全氮含量降低，土壤质量下降，但加以合理的人工管理，再加上橡胶林生长过程中生态环境趋于稳定，其土壤抗侵蚀能力得以加强，水源涵养功能得到了一定恢复。

第4章　西双版纳州植被转换过程中河流水沙变化

随着社会的不断进步和人口数量的增加，为了满足不断增长的人口对粮食的需求和不断提高的生活水平，人类改造和开发利用自然的能力和强度持续提升，土地利用/覆被变化度明显加快，土地利用/覆被格局迅速改变。人类的土地利用，主要是将土地的自然生态系统转变为人工生态系统的过程，其所引起的地表景观格局的变化是引起地表土壤、水文等地理过程变化的主要原因，也是区域环境演变的重要组成部分。

李丽娟等（2007）认为，水土保持通过植树造林、种草、修建梯田、淤地筑坝等措施，使得区域/流域下垫面覆盖状况发生了重大改变，造成年径流和洪峰流量减少，而使入渗和枯季径流增加，但因地理位置和气象条件等方面的差异，不同地区水土保持产生的水文影响也有所差别；造林与毁林、农业开发活动对水文过程的影响则因研究尺度、区域位置、气象条件、研究对象等因素的影响出现了较大的差异。因此，需考虑多方面因素的影响，正确评价土地利用/覆被变化的水文效应，为水土资源的合理配置和可持续利用提供科学依据。

4.1　河流水沙的变化

4.1.1　资料来源

降水、径流和输沙是反映水情变化的三个主要变量。选用澜沧江流域勐海、曼拉撒和曼中田三个水文站监测数据研究西双版纳州自西向东方向人工经济林种植区河流水沙变化特征。其中，勐海水文站控制流域内主要人工经济林为茶叶林，曼拉撒水文站控制流域内主要人工经济林为橡胶林，曼中田水文站控制流域内主要人工经济林为桉树林。各站基本情况及资料年限见表4.1。

表4.1　研究区选取水文站点基本情况及资料年限

流域	河流	水文站	海拔/m	控制面积/km²	资料年限		
					降水	径流	输沙
澜沧江	流沙河	勐海	1168	1032	1958—2015年	1958—2015年	1963—2015年
	南腊河	曼拉撒	619	1311	1966—2015年	1966—2015年	
	蛮老江	曼中田	888	1133	1960—2015年	1960—2015年	

4.1.2　研究方法

4.1.2.1　Mann－Kendall 检验法

采用 Mann－Kendall 检验法分析水沙时序趋势及突变特征。Mann－Kendall 检验法是一种基于观测值序列的非参数统计检验方法，在对时间序列 x_i 进行检验时，不仅可判断时间序列中上升或下降趋势的显著性，而且可判断时间序列是否存在突变并确定突变开始时间。其原理与计算方法如下：

对于具有 n 个样本量的时间序列，构造一秩序列：

$$S_k=\sum_{i=1}^{k} r_i \quad (k=2,3,\cdots,n) \tag{4.1}$$

其中，当 $1\leqslant i\leqslant j$，$x_i>x_j$ 时，$r_i=1$，否则 $r_i=0$。

在时间序列随机独立的假设下，定义统计量 UF_k：

$$UF_k=\frac{|S_k-E(S_k)|}{\sqrt{Var(S_k)}} \quad (k=1,2,\cdots,n) \tag{4.2}$$

式中：$UF_1=0$，$E(S_k)$、$Var(S_k)$ 分别为累计数 S_k 的均值和方差，在 $x_1, x_2,\cdots,x_n$ 相互独立且具有相同连续分布时，可由以下算式分别求出：

$$E(S_k)=\frac{n(n-1)}{4} \tag{4.3}$$

$$Var(S_k)=\frac{n(n-1)(2n+5)}{72} \tag{4.4}$$

UF_k 是按时间序列 x 顺序在 x_1，x_2，…，x_n 计算出的统计量序列，UF_k 大于 0，表明序列呈上升趋势，反之，序列呈下降趋势。在给定显著性水平 a 下，于正态分布表中查出临界值 $U_{a/2}$，若$|UF_k|>U_{a/2}$，则表示趋势显著，反之则表示不显著。按时间序列 x 逆序 x_n，x_{n-1}，…，x_1，再重复上述过程，同时使 $UB_k=-UF_k$，$k=n$，$n-1$，…，1，$UB_1=0$。分别绘制 UF_k、UB_k 曲线图，若 UF_k 和 UB_k 两条曲线出现交点，并且交点在临界线之间，则交点对应的时刻便是突变的开始时间。

4.1.2.2　小波分析法

采用小波分析法分析水、沙的周期变化特征。1984 年法国地质学家 Morlet 在分析地震波的局部性质时，将小波概念引入到信号分析中，理论物理学家 Grossman 和数学家 Meyer 等又对小波进行了一系列深入研究，使小波理论有了坚实的数学基础。小波分析被认为是傅里叶分析方法的突破性进展，傅里叶变换可以显示出气候序列不同尺度的相对贡献，而小波变换将一个一维信号在时间和频率两个方向上展开，不仅可以给出序列变化的尺度，还可以显示变化的时间位置。20 世纪 90 年代以来，小波分析作为一种基本数学手段，在众多领域都得到了广泛应用。

若函数 $\psi(t)$ 满足下列条件的任意函数：

$$\int_R \psi(t)\mathrm{d}t = 0, \int_R \frac{|\hat{y}(w)|^2}{|w|}\mathrm{d}w < \infty \tag{4.5}$$

其中，$\hat{y}(w)$ 是 $\psi(t)$ 的频谱。令

$$\psi_{a,b}(t) = |a|^{-1/2}\psi[(t-b)/a] \tag{4.6}$$

为连续小波，ψ 为基本小波或母小波，$w_f(a,b)=|a|$，它是双窗函数，一个是时间窗，一个是频率谱。$\psi_{a,b}(t)$ 的振荡随 $1/|a|$ 增大而增大。因此，a 为频率参数，b 为时间参数，表示波动在时间上的平移。那么，函数 $f(t)$ 小波变换的连续形式为

$$w_f(a,b) = |a|^{\frac{1}{2}}\int_R f(t)\overline{y}\left(\frac{t-b}{a}\right)\mathrm{d}t \tag{4.7}$$

由此可知，小波变换函数是通过对母小波的伸缩和平移得到的。小波变换的离散形式为

$$w_f(a,b) = |a|^{\frac{1}{2}}\Delta t\sum_{i=1}^{n} f(i\Delta t)y\left(\frac{i\Delta t - b}{a}\right) \tag{4.8}$$

式中：Δt 为取样间隔；n 为样本量。

离散化的小波变换构成标准正交系，从而扩充了实际应用的领域。离散表达式的小波变换计算步骤如下：

（1）根据研究问题的时间尺度确定出频率参数 a 的初值和 a 增长的时间间隔。

（2）选定并计算母小波函数，一般选用常用的 Mexican hat 小波函数。

（3）将确定的频率 a、研究对象序列 $f(t)$ 及母小波函数 $w_f(a, b)$ 代入式（4.8），算出小波变换 $w_f(a, b)$。

小波分析计算结果既保持了傅里叶分析的优点，又弥补了其某些不足。小波变换实际上是将一个一维信号在时间和频率两个方向上展开，这样就可以对时间序列的时频结构作细致的分析，提取有价值的信息。原则上讲，过去使用傅里叶分析的地方，均可以由小波分析取代。

4.1.2.3 重标极差分析法

采用重标极差分析法（rescaled range analysis）分析输沙变化趋势，重标极差分析法也称 R/S 法。R/S 分析法通过 Hurst 指数（H）判断时间序列趋势变化特征。其原理与计算方法如下：

对时间序列 $k(t)$，$t=1$，2…，对于任意正整数 $j \geqslant t \geqslant 1$，定义均值序列：

$$k_j = \frac{1}{j}\sum_{t=1}^{j} k(t) \tag{4.9}$$

累积离差：

$$X(t,j)=\sum_{u=1}^{t}[k(u)-k_j] \tag{4.10}$$

极差：

$$R(j)=\max X(t,j)-\min X(t,j) \tag{4.11}$$

标准差：

$$S(j)=\left\{\frac{1}{j}\sum_{t=1}^{j}[k(t)-k_j]^2\right\}^{\frac{1}{2}} \tag{4.12}$$

将（$\ln j$，$\ln R/S$）用最小二乘法拟合，所得拟合直线的斜率即为 H 值。当 $H=0.5$ 时，表明序列完全独立，即序列是一个随机过程；当 $H<0.5$ 时，表明未来变化状况与过去相反，即反持续性，H 越小，反持续性越强；当 $H>0.5$ 时，表明未来变化状况与过去一致，即有持续性，H 越接近 1，持续性越强。

4.1.2.4　集中度与集中期

集中度（PCD）是指要素按月以向量方式累加，其各分量之和与年总量的比值，反映其在年内的集中程度。集中期（PCP）是指要素向量合成后的方位，反映其全年集中的重心所出现的月份，用各月分量之和的比值正切角度表示。

$$PCD=\sqrt{R_x^2+R_y^2}/R_{\text{year}} \tag{4.13}$$

$$PCP=\arctan(R_x/R_y) \tag{4.14}$$

$$R_x=\sum_{i=1}^{12}r_i\sin\theta_i,R_y=\sum_{i=1}^{12}r_i\cos\theta_i \tag{4.15}$$

式中：R_{year} 为要素年值；R_x、R_y 分别为要素 12 个月的分量之和所构成的水平、垂直分量；r_i 为要素第 i 月的值；θ_i 为要素第 i 月的矢量角度；i 为月序。

集中度越大表示年内分配越不均匀。

4.1.3　降水、径流、输沙变化特征

4.1.3.1　降水变化趋势

由图 4.1 可知，勐海水文站、曼拉撒水文站和曼中田水文站多年平均年降水量分别为 1319.4mm、1453.3mm 和 1974.4mm，空间上呈自西向东增加的趋势。其中，勐海水文站和曼中田水文站年降水量呈减少趋势，其多年平均减少速率分别为 30mm/10a 和 32mm/10a；曼拉撒水文站年降水量呈增加趋势，多年平均增加速率为 12mm/10a。从各站点年降水量变化趋势来看，研究区澜沧江流域中部年降水量呈缓慢增加趋势，而东西两侧年降水量呈较快下降趋势。

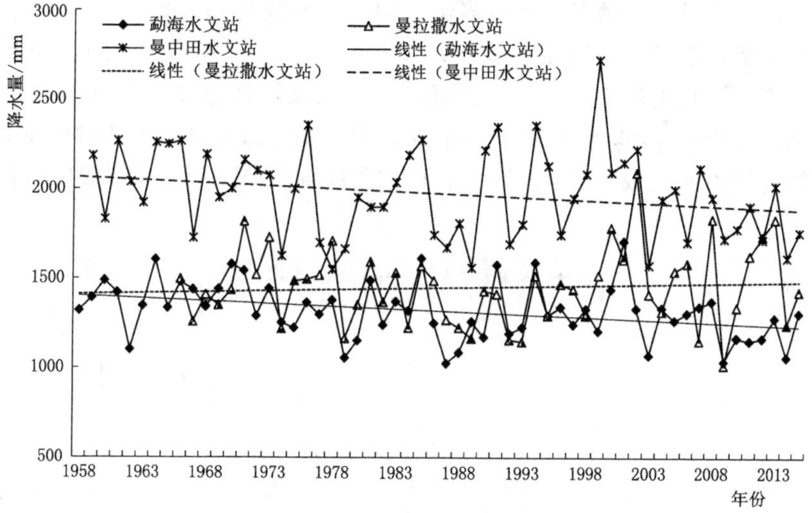

图 4.1　研究区水文站降水变化趋势

由图 4.2 可知，勐海水文站、曼拉撒水文站和曼中田水文站多年平均径流模数分别为 0.016$m^3/(s \cdot km^2)$、0.019$m^3/(s \cdot km^2)$ 和 0.028$m^3/(s \cdot km^2)$，空间上呈自西向东增加的趋势，与降水量空间变化规律基本一致。其中勐海水文站和曼中田水文站年径流量与年降水量减少趋势一致，而曼拉撒水文站年径流量呈缓慢减少趋势，与年降水量增加趋势不一致，其主要原因可能是曼拉撒水文站上游橡胶林种植导致蒸发量增加及 1993 年修建中型大沙坝水库导致水面蒸发增损所致。

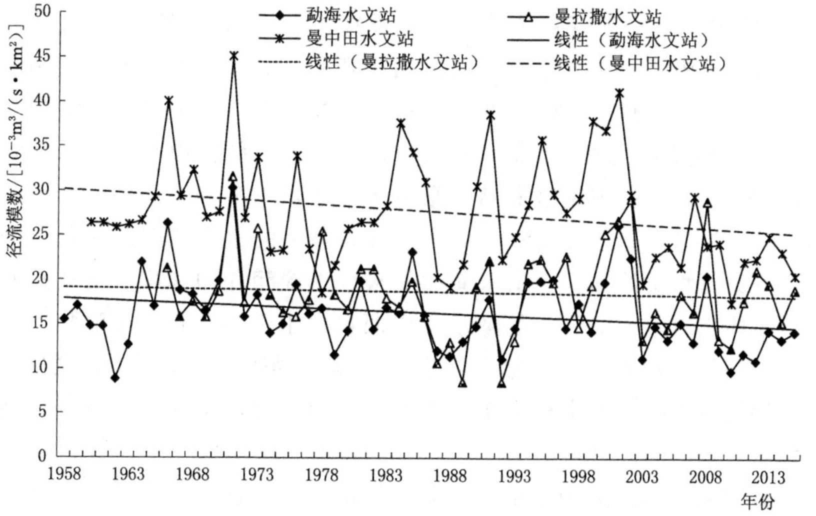

图 4.2　研究区水文站点径流变化趋势

由图 4.3 可知，勐海水文站多年平均输沙模数为 102.7t/km^2，年输沙量呈增加趋势，多年平均增加速率为 9.1t/(km^2·10a)。勐海水文站输沙呈增加趋势而降水呈减少趋势，表明人类活动是导致流沙河流域水土流失加剧的主要原因。特别是 20 世纪 80 年代中后期以来，勐海水文站输沙模数快速增加，这可能与流沙河流域 20 世纪 80 年代以来茶叶林种植园的快速发展密切相关。

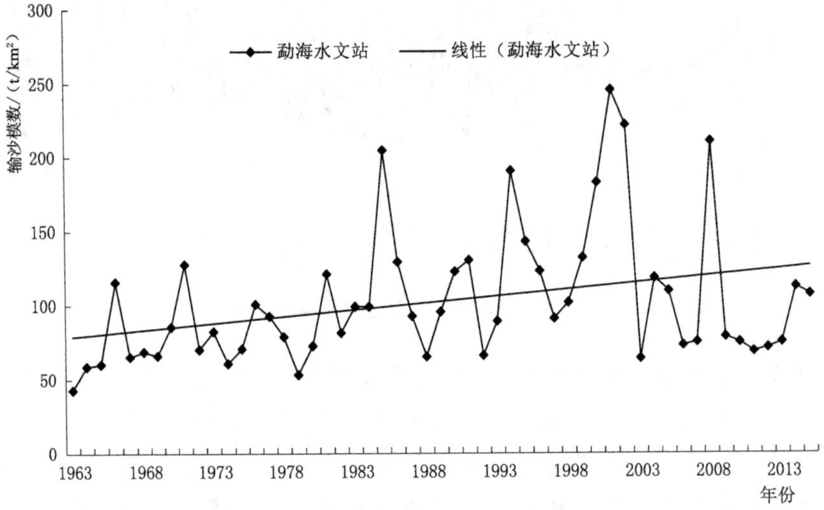

图 4.3 研究区水文站点输沙变化趋势

4.1.3.2 降水、径流、输沙年内分配特征

由表 4.2 可知，曼拉撒水文站枯季降水占比最高，其次依次是勐海水文站和曼中田水文站，且曼拉撒水文站枯季径流占比远高于勐海水文站和曼中田水文站；曼中田水文站枯季径流占比最高，其次依次是勐海水文站和曼拉撒水文站，但三个测站之间枯季径流占比差异不大。曼中田水文站降水集中度最高，其次依次是勐海水文站和曼拉撒水文站；曼拉撒水文站径流集中度最高，其次依次是曼中田水文站和勐海水文站，三个测站的降水和径流集中度相差不大，且勐海水文站和曼中田水文站降水的集中度略高于径流的集中度，说明勐海水文站和曼中田水文站集水区水源涵养功能相对曼拉撒水文站较强。总体来看，三个测站的降水集中期集中于 7 月中旬，径流集中期集中于 8 月上旬至 8 月中旬，径流集中期滞后于降水集中期 27～35d，说明区域径流集中期滞后于降水集中期 1 个月左右，其中曼拉撒水文站径流集中期滞后于降水集中期的时间最短。

勐海水文站输沙集中度最高，其次依次是降水和径流。从勐海水文站降水、径流和输沙集中期来看，降水集中期最早，其次依次是输沙和径流，表

表 4.2 各站降水、径流和输沙多年平均年内分配集中度与集中期

水文要素	勐海水文站			曼拉撒水文站			曼中田水文站		
	枯季占比/%	集中度	集中期	枯季占比/%	集中度	集中期	枯季占比/%	集中度	集中期
降水	9.78	0.56	7月12日	15.14	0.53	7月13日	8.71	0.59	7月10日
径流	16.47	0.48	8月16日	15.76	0.53	8月9日	16.64	0.50	8月17日
输沙	7.99	0.63	8月7日						

现出输沙和径流集中期相对降水集中期存在一定的滞后效应，且径流集中期相对降水集中期的滞后效应更为明显，符合降水与产沙输沙及产汇流的关系特征。

结合图 4.4～图 4.6 可知，勐海水文站降水、径流枯季占比呈上升趋势，且径流枯季占比上升速率高于降水，输沙枯季占比呈缓慢下降趋势；曼拉撒水文站降水、径流枯期占比均呈缓慢上升趋势，且径流枯期占比上升速率高于降水；曼中田水文站降水、径流枯期占比均呈缓慢上升趋势，且降水、径流枯期占比上升速率相当。

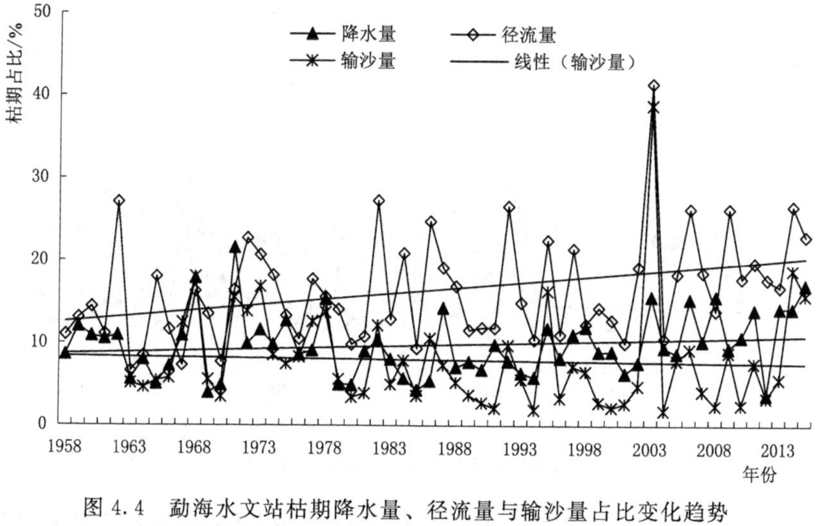

图 4.4 勐海水文站枯期降水量、径流量与输沙量占比变化趋势

结合图 4.7～图 4.9 可知，勐海站降水量和输沙量年内分配集中度呈上升趋势，且输沙量年内分配集中度速率略高于降水量，而径流量年内分配集中度呈缓慢下降趋势，降水量年内分配集中度上升而径流量年内分配集中度下降，表明勐海水文站集水区水源涵养功能呈增强趋势；曼拉撒水文站降水量年内分配集中度呈缓慢上升趋势，径流量年内分配集中度呈缓慢下降趋势，表明曼拉撒水文站集水区水源涵养功能呈缓慢增强趋势；曼中田水文站降水

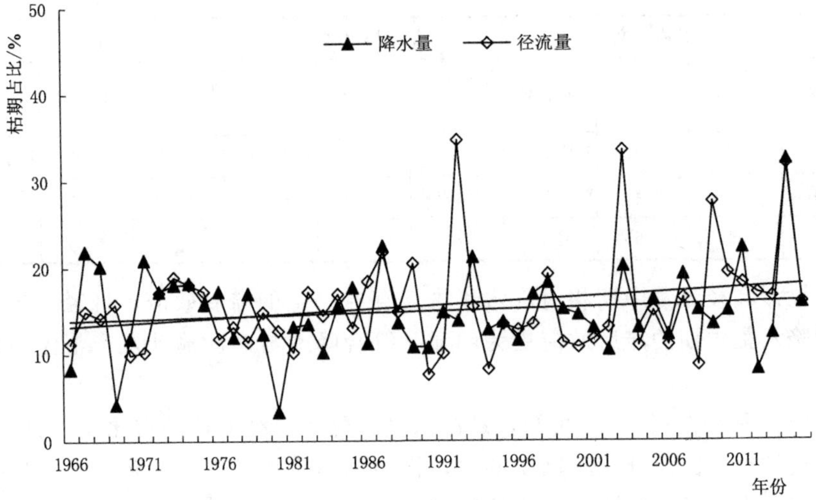

图4.5　曼拉撒水文站枯期降水量和径流量占比变化趋势

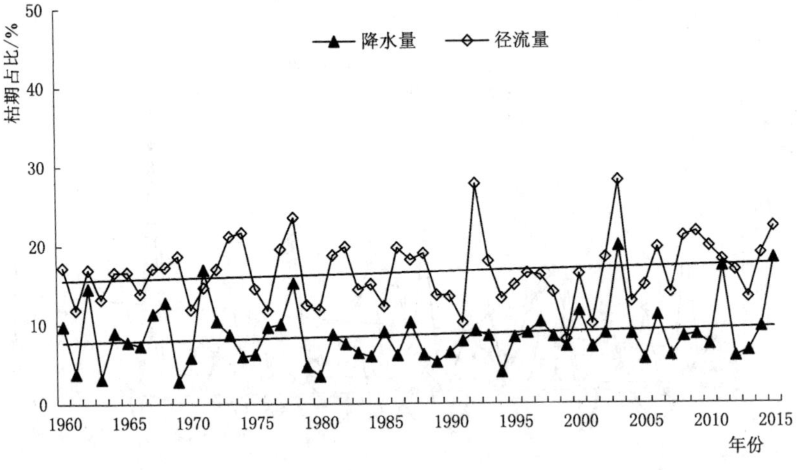

图4.6　曼中田水文站枯期降水量和径流量占比变化趋势

量年内分配集中度变化趋势不明显，径流量年内分配集中度呈缓慢下降趋势，表明曼中田水文站集水区水源涵养功能呈缓慢增强趋势。

4.1.3.3　降水、径流、输沙未来变化趋势

结合图4.10～图4.12可知，勐海水文站降水、径流和输沙的 H 值分别为0.61、0.67和0.79，均大于0.5，表明其未来趋势与过去一致，即仍将延续原有变化趋势；降水、径流的 H 值更接近于0.5，表明其持续趋势性较弱，具有较大的随机性；输沙的 H 值更接近于1，表明其持续趋势性更强。曼拉

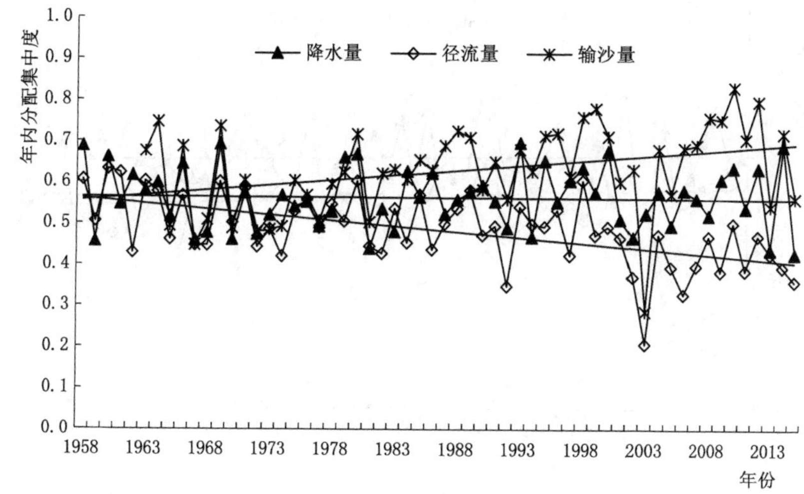

图 4.7 勐海水文站降水量、径流量与输沙量年内分配集中度变化趋势

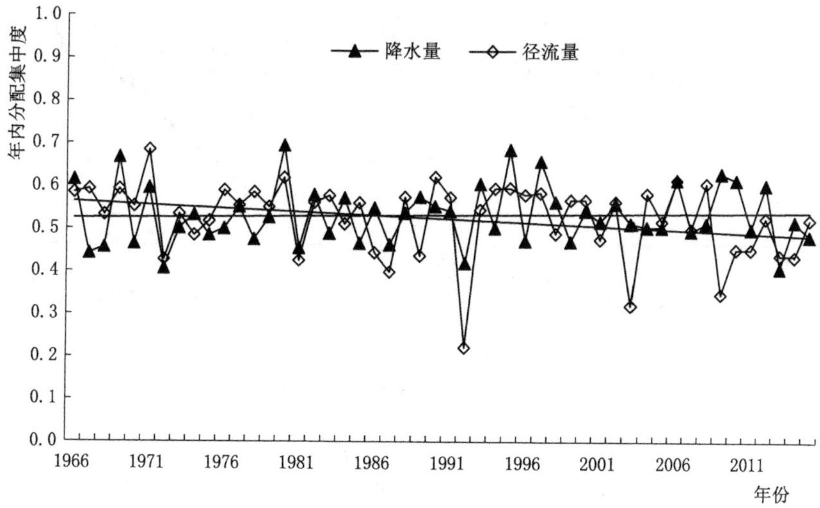

图 4.8 曼拉撒水文站降水量和径流量年内分配集中度变化趋势

撒站降水、径流的 H 值分别为 0.71 和 0.63，均大于 0.5，表明其未来趋势与过去一致，但持续趋势性较弱，具有较大的随机性。曼中田水文站降水、径流的 H 值分别为 0.61、0.65，均大于 0.5，表明其未来趋势与过去一致，但持续趋势性较弱，具有较大的随机性。勐海水文站集水区输沙呈减少趋势，而未来变化趋势的持续性较强，表明流域水土保持工作将持续向好，生态环境将不断改善。

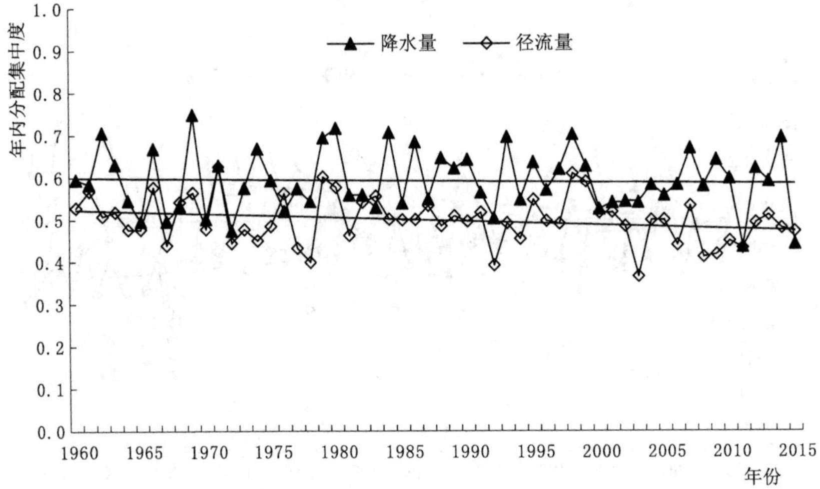

图 4.9　曼中田水文站降水量和径流量年内分配集中度变化趋势

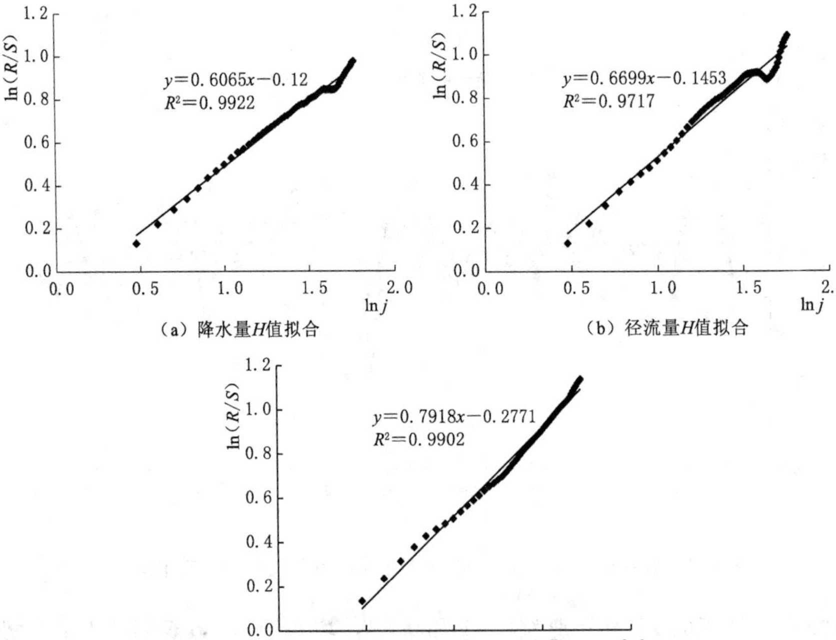

(a) 降水量H值拟合　(b) 径流量H值拟合

(c) 输沙量H值拟合

图 4.10　勐海水文站降水量、径流量和输沙量 H 值拟合

4.1.3.4　降水突变分析

由于径流和输沙突变容易受到人类活动干扰，因此仅分析降水突变，可

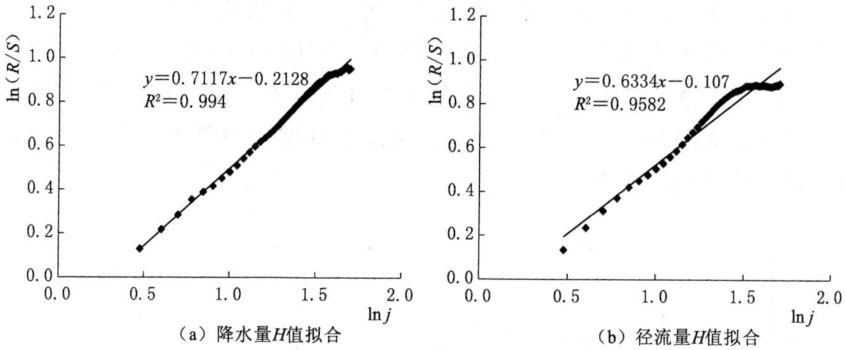

图 4.11 曼拉撒水文站降水量和径流量 H 值拟合

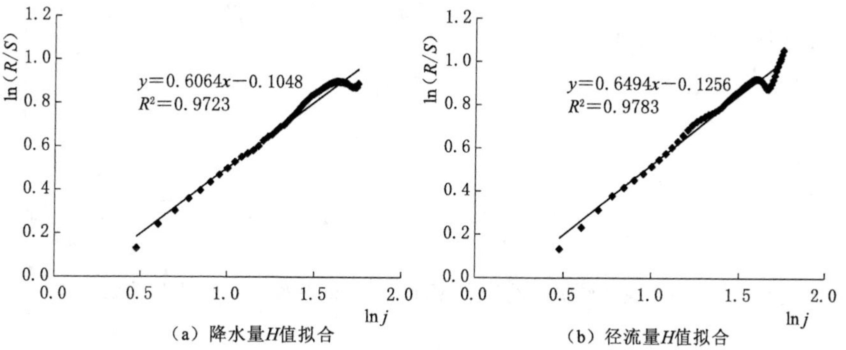

图 4.12 曼中田水文站降水量和径流量 H 值拟合

更真实反映区域水文情势突变情况。Mann - Kendall 检验结果表明（图 4.13～图 4.15）：勐海水文站年降水量呈减少趋势，UF 曲线与 UB 曲线在

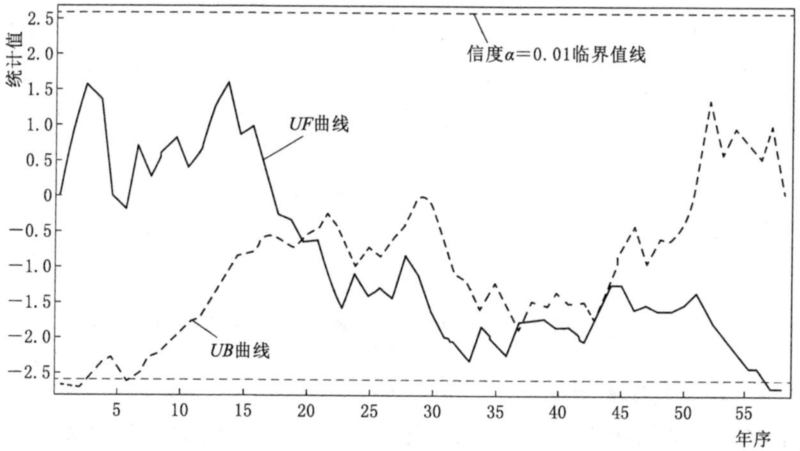

图 4.13 勐海水文站降水 Mann - Kendall 检验 UF - UB 曲线

1978年相交，即输沙在1978年开始发生突变；曼拉撒水文站年降水量呈不显著上升趋势，未发生突变；曼中田水文站降水总体呈减少趋势，但径流的UF曲线与UB曲线在统计时间序列内未超过信度为0.01临界值线，表明其减少趋势不显著，未发生突变。由此可见，澜沧江流域西部降水变化较快，而中部和东部降水变化相对缓慢。

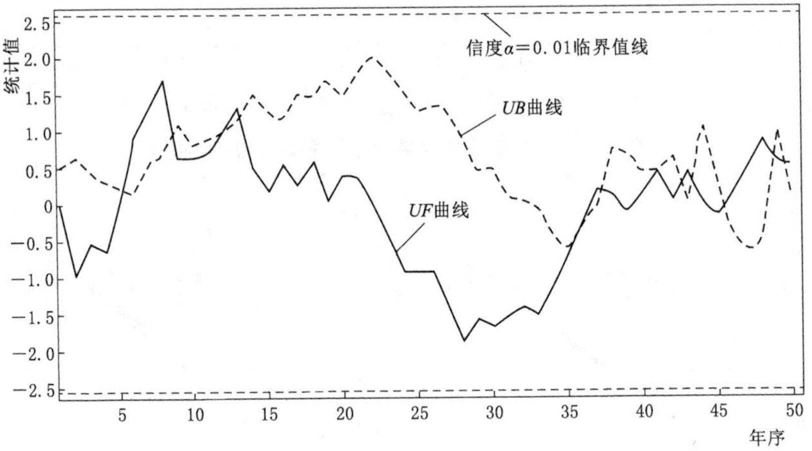

图4.14 曼拉撒水文站降水Mann-Kendall检验UF-UB曲线

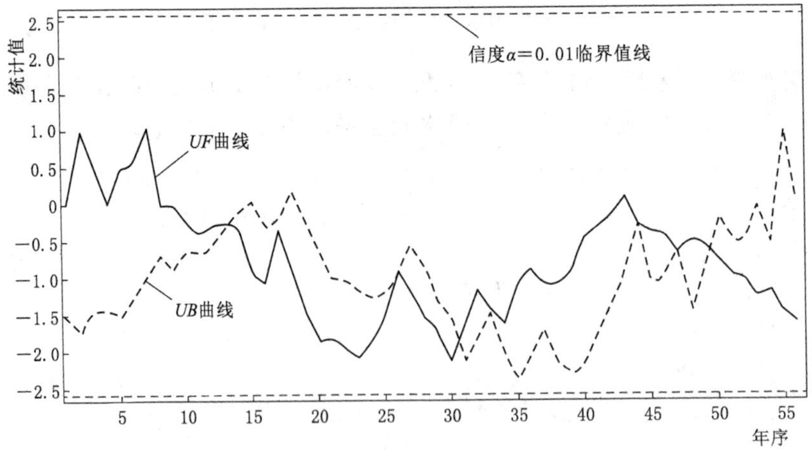

图4.15 曼中田水文站降水Mann-Kendall检验UF-UB曲线

4.1.3.5 降水变化周期分析

小波分析结果表明（图4.16～图4.18），勐海水文站年降水量变化长周期为33年左右，变化短周期为3年左右；曼拉撒水文站、曼中田水文站年降水量变化长周期均为 27 年左右，变化短周期均为 3 年左右。综上可知，澜沧江流域西部降水变化长周期比中部和东部稍长，变化短周期基本一致。

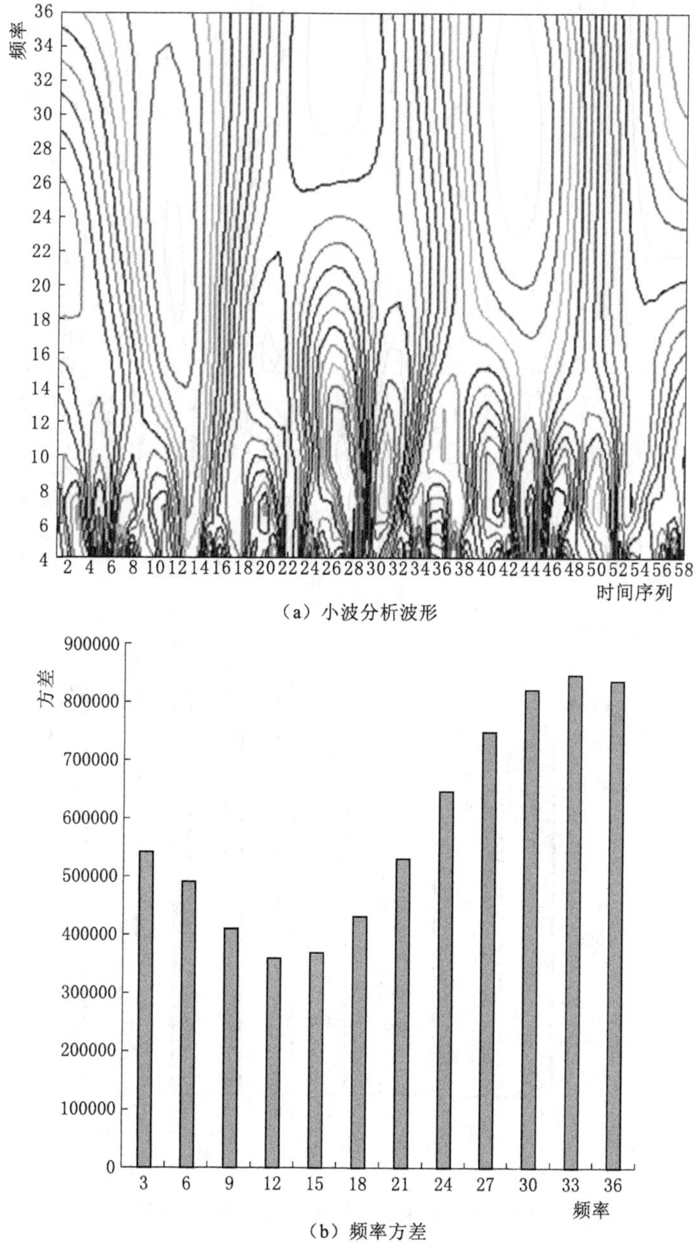

图 4.16 勐海水文站降水小波分析与频率方差

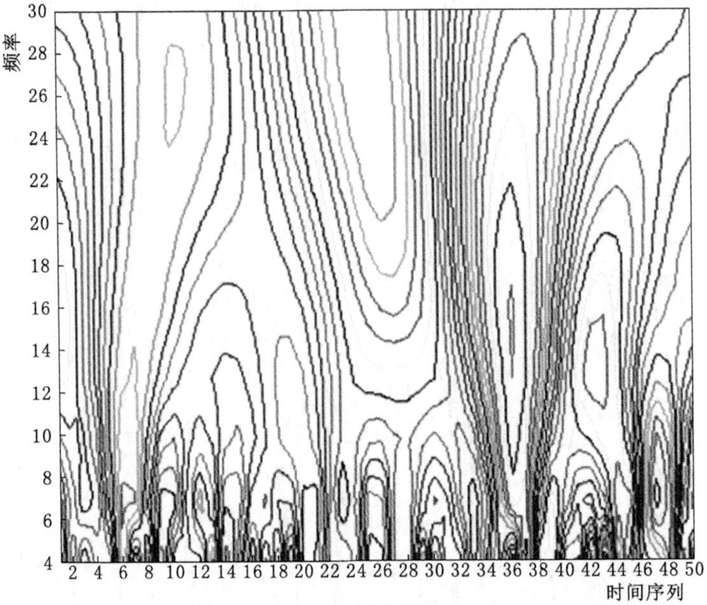

（a）小波分析波形

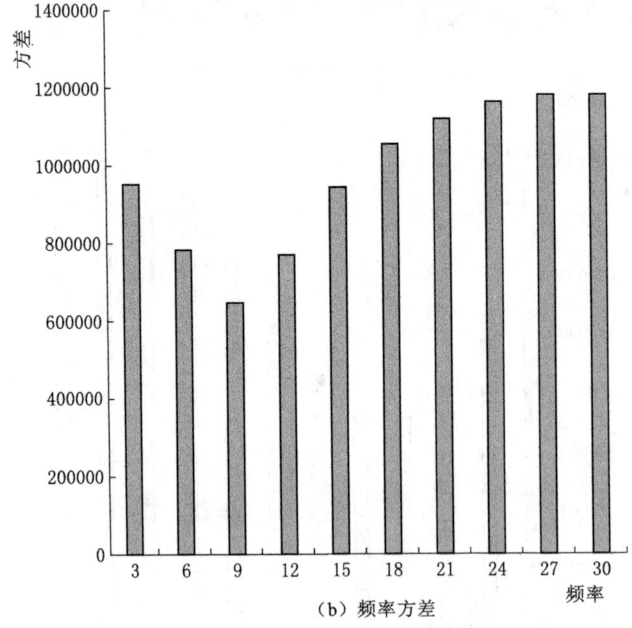

（b）频率方差

图 4.17　曼拉撒水文站降水小波分析与频率方差

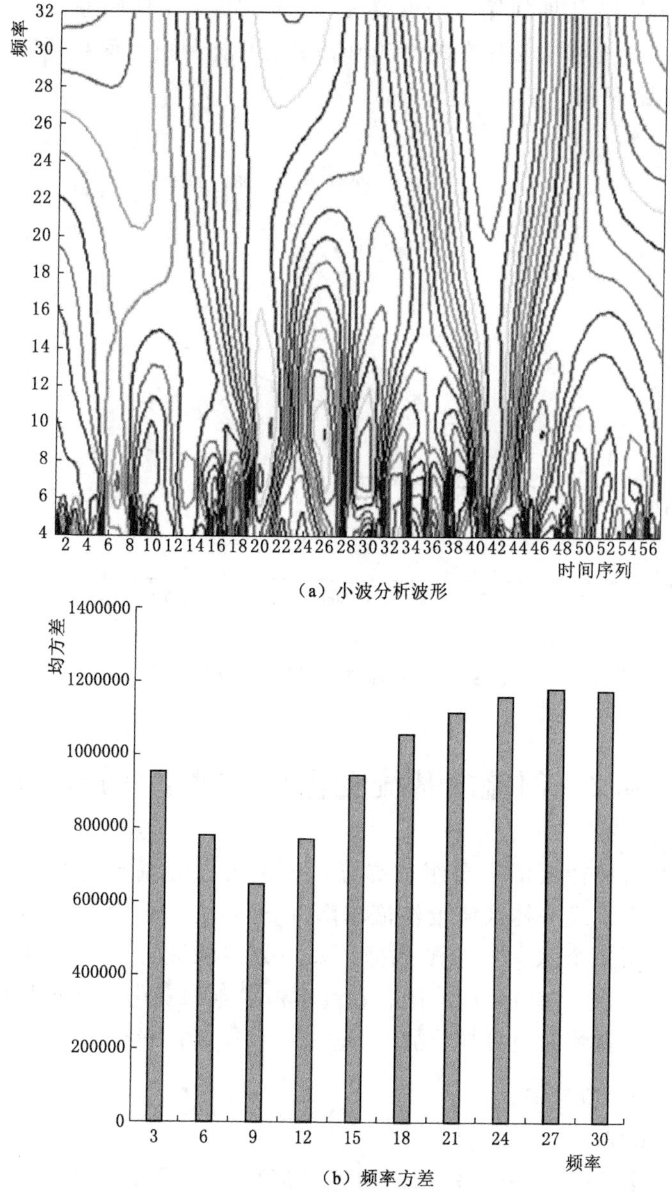

图 4.18　曼中田水文站降水小波分析与频率方差

4.1.3.6　降水-输沙关系演变特征

通常情况下，河流输沙与降水关系密切。1985 年前后，勐海水文站输沙存在明显差异，以 1985 年为时间节点，分析 1963—1984 年和 1985—2015 年期间降水-输沙关系（图 4.19）。结果表明，在降水量相当的前提下，勐海水文站 1985—2015 年期间输沙模数高于 1963—1984 年期间输沙模数，这可能与 1985 年后勐海水文站所在的流沙河流域茶叶林种植园面积迅速增加和其他人类活动加剧有关。

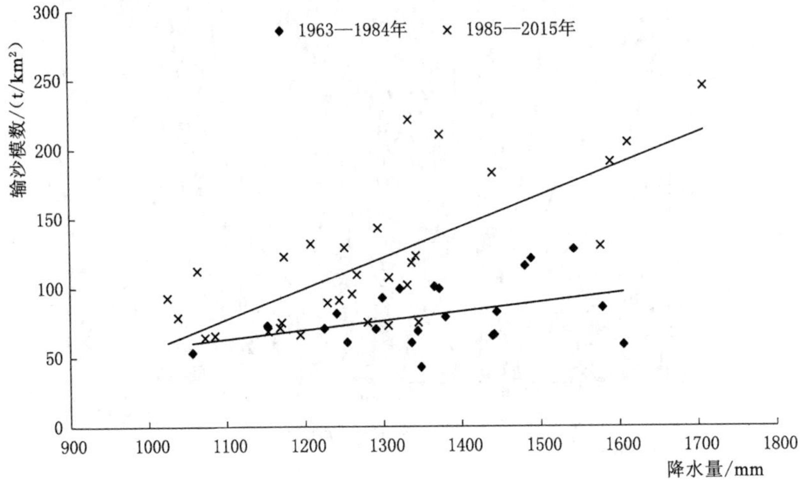

图 4.19　勐海水文站降水-输沙关系

4.2　河流的基流变化及其时空分异特征

基流是流域径流的重要组成部分，也是表征流域水文特征的重要方面。在云南主要人工经济林区澜沧江流域南部自西向东选用澜沧江流域勐海、曼拉撒和曼中田三个水文站监测数据，采用数字滤波方法对其进行基流分割，并分析基流指数、基流年内分配、基流丰枯水年的变化及基流与径流的关系，以明晰该区域基流时空分异特征。

4.2.1　基流分割方法

4.2.1.1　概述

基流是河川径流中比较稳定的组成部分，在维持河流健康、维护流域生态平衡、保障供水安全、优化水资源配置等方面具有不可替代的重要作用。基流可由谷底地表附近的存储水补给，降水过程中水分快速汇集于此，并且能保证干旱季节不间断地侧向补给河流，该部分存储水分并不是真正的“地下水”（党素珍 等，2011）。由于无法通过实验对径流分割和水源划分的结果进行科学论证（陈利群 等，2006），基流分割研究一直是水文学、生态水文学研究的重点和难点之一，也一直受到国内外学者的广泛关注，迄今已取得了一定的进展与突破（徐磊磊 等，2011）。使用水化学示踪剂与环境同位素进行水文过程线分割，可更好地理解径流的形成过程，但容易受到环境的影响而产生不确定性且费用较高，在实际中很少采用（党素珍 等，2011）。传统的直线平割法操作上的人为性和随意性较大，所分割出来的基流量结果粗略、可靠性受到质疑，且由于依靠手工操作，效率很低，难以处理长系列水文数据（林学钰 等，2009）。近年来，具有客观性强、操作简便、计算速度快等特点的滑动最小值法、数字滤波法等自动分割技术快速发展（雷泳南 等，2011）。其中，数字滤波法对基流分割的结果具有较好的客观性和可重复性，近年来在国际上得到了广泛的应用。

吕玉香等（2009）利用数字滤波法，估算了贡嘎山黄崩溜沟流域基流，指出基流指数与地表水及地下水中化学元素含量具有较高的一致性和相关性；郭军庭等（2011）对黄土丘陵沟壑区小流域基流特点及其影响因子分析表明，随着次降水量的增加基流指数减小，土地利用类型中的农地、灌丛和人工林对基流产生负面影响，基流指数与流域河网密度和河流比降呈线性相关；权锦等（2010）对石羊河流域的基流分割研究表明，基流值与降水、地形等因素密切相关；崔玉洁等（2011）对三峡库区香溪河流域基流分割的研究指出，滤波方程的参数和次数影响基流分割结果。因此，使用者能够在分割基流的过程中比较方便地加入自己的经验（林凯荣 等，2008）。雷泳南等（2011）以黄土高原窟野河流域为对象，对滑动最小值法、HYSEP 法和数字滤波法 3 类共 8 种自动基流分割方法进行对比分析，表明数字滤波法中的 F2 和 F4 法分割的基流过程线与实际观测值的验证效果最好。豆林等（2010）以我国黄土区 6 个流域为对象，选取 PART 法、数字滤波法及滑动最小值法等自动基流分割方法在该地区的适用性进行分析，表明数字滤波法分割的基流过程与实际基流状况更为相符。利用数字滤波法对澜沧江基流进行分割，并分析其基流时空分布特征。

4.2.1.2 数字滤波法

数字滤波法是通过将日径流资料作为地表径流（高频信号）和基流（低频信号）的叠加将基流划分出来，易于计算机自动实现。其滤波方程如下：

$$q_t = \beta q_{t-1} + \frac{1+\beta}{2}(Q_t - Q_{t-1}) \tag{4.16}$$

$$b_t = Q_t - q_t \tag{4.17}$$

式中：q_t 为 t 时刻过滤出的地表径流；Q_t 为实测河川径流；b_t 为 t 时刻的基

流；t 为时间，d；β 为滤波参数。

由于参数 β 和滤波次数可影响基流分割的准确性。因此，在利用数字滤波法进行基流分割时，应根据流域气候和地理特征进行合理的参数取值。三峡库区香溪河流域基流分割中研究表明滤波参数 β 越大，次数越多，分割得到的基流越小，而滤波参数 β 取 0.925，滤波次数采用 3 次时的基流分割结果最优（崔玉洁 等，2011）。由于所选流域与三峡库区香溪河流域地形地貌相似，降水量相近，因此基流分割中滤波参数 β 和滤波次数采用三峡库区香溪河流域的对比成果，即滤波参数 β 取 0.925，滤波次数选用 3 次。

4.2.1.3　丰、平、枯水平年的划分

为对不同径流丰、平、枯水平年基流特征进行对比分析，在基流分割的基础上进行年径流丰、平、枯的划分和基流统计。利用实测年径流资料，采用 P-Ⅲ型频率曲线法，以一定保证率 P 作为划分年径流丰、平、枯的标准。在此基础上，计算丰、平、枯划分标准所对应的年径流量与多年平均年径流量的比值即模比系数 k，以直观表示各年份径流的相对丰枯程度。根据水文相关规范，P-Ⅲ型频率曲线法需要的样本序列一般不少于 30 年，勐海水文站径流资料年限为 1958—2015 年，曼拉撒水文站径流资料年限为 1966—2015 年，曼中田水文站径流资料年限为 1960—2015 年，均满足样本序列长度要求，代表性较好。各站年径流量 P-Ⅲ型频率曲线见图 4.20～图 4.22；各站年径流丰枯的划分标准见表 4.3。

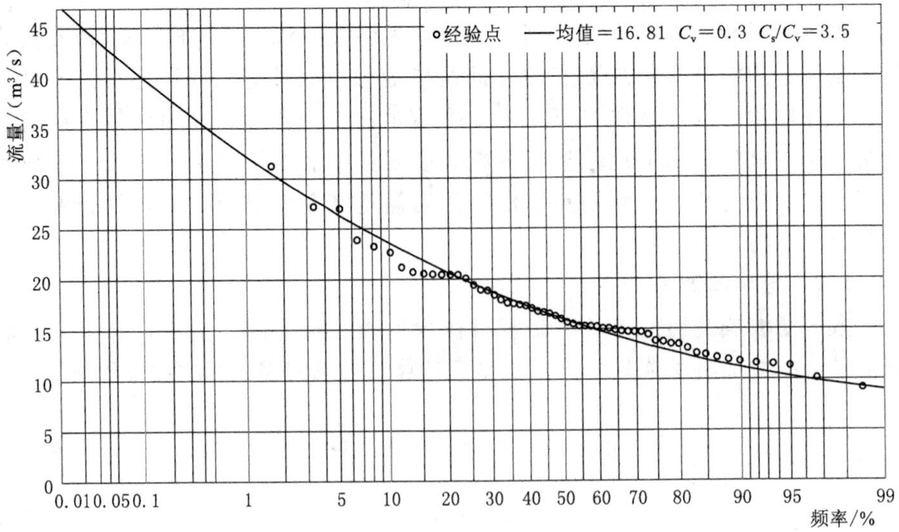

图 4.20　勐海水文站年径流量 P-Ⅲ型频率曲线

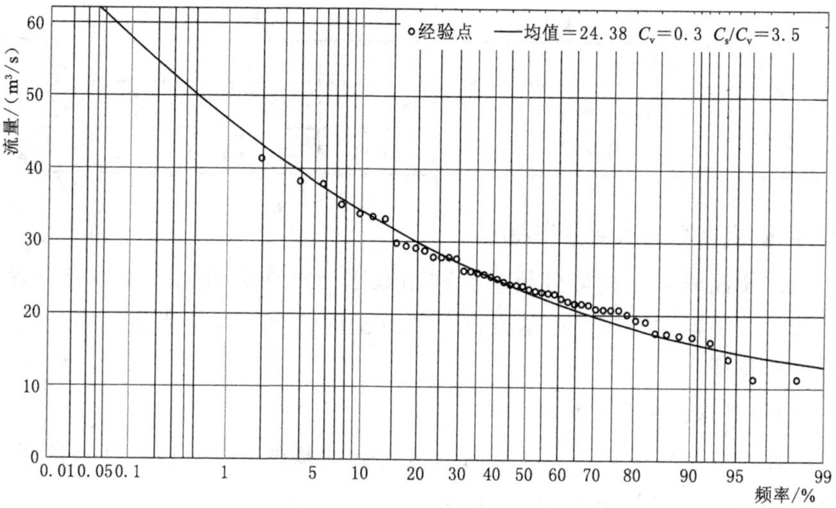

图 4.21　曼拉撒水文站年径流量 P-Ⅲ型频率曲线

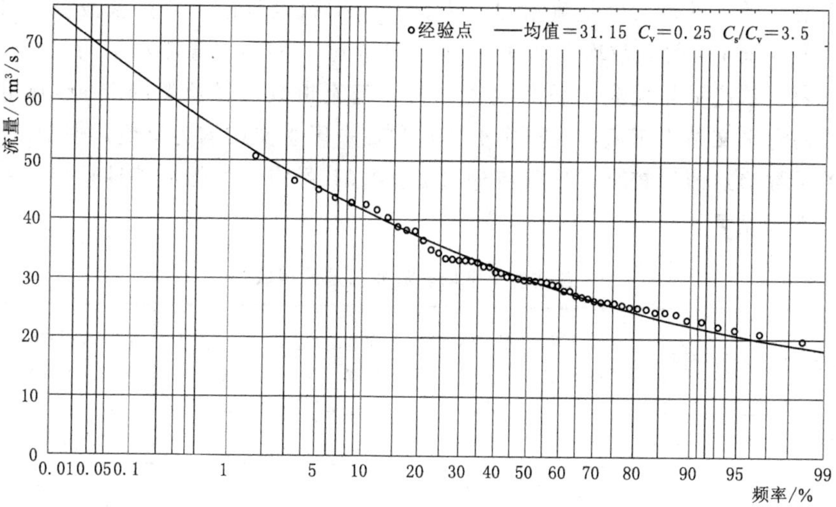

图 4.22　曼中田水文站年径流量 P-Ⅲ型频率曲线

表 4.3　　各水文站年径流量丰、平、枯水平年的划分标准

丰、平、枯水平年		丰水年	平水年	枯水年
设计频率 P/%		<25	25～75	>75
勐海水文站	年径流量/(m^3/s)	>19.6	19.6～13.1	<13.1
	模比系数 k	>1.16	1.16～0.78	<0.78
曼拉撒水文站	年径流量/(m^3/s)	>28.4	28.4～19.0	<19.0
	模比系数 k	>1.16	1.16～0.78	<0.78

续表

丰、平、枯水平年		丰水年	平水年	枯水年
姑老河水文站	年径流量/(m^3/s)	>35.6	35.6～25.5	<25.5
	模比系数 k	>1.14	1.14～0.82	<0.82

4.2.2　研究区基流时空分布特征

为方便流域基流特征分析，在利用数字滤波法分割出各站逐日基流后，分别按月、年统计，并通过基流占总径流量的比重，即基流指数来量化基流时空分布特征。

4.2.2.1　基流的年变化特征

为便于时空特征对比，在分析基流指数的基础上，分析各站基流量、基流指数与径流量的 Pearson 相关系数。

由表 4.4 可知，各站基流指数多年平均值为 0.5～0.6，基流指数自西向东递增，径流量越大则基流量也越大，基流指数也越高。各站基流量与径流量的 Pearson 相关系数均在 0.97 以上，且通过 $\alpha=0.01$ 置信水平的显著性检验，表明基流量与径流量呈高度正相关。基流指数与径流量的 Pearson 相关系数勐海水文站为正值，曼拉撒水文站和曼中田水文站均为负值，但 Pearson 相关系数绝对值均较小，且没有通过 $\alpha=0.01$ 置信水平的显著性检验，相关关系不够显著。

表 4.4　　各站多年平均基流量与基流指数

站名	统计年限	年均径流量/(m^3/s)	年均基流量/(m^3/s)	年均基流指数	基流与径流量的 Pearson 相关系数	基流指数与径流量的 Pearson 相关系数
勐海	1958—2015 年	16.8	8.6	0.51	0.98**	0.30
曼拉撒	1966—2015 年	24.4	13.0	0.53	0.97**	−0.39
曼中田	1960—2015 年	31.1	18.4	0.59	0.97**	−0.26

注　** 为 $\alpha=0.01$ 置信水平。

从各站年基流量及基流指数变化过程来看（图 4.23～图 4.25），各站基流量与径流量变化过程和趋势基本一致；各站基流指数年际变幅较小，且变化趋势不明显。

4.2.2.2　基流年内分配特征

由图 4.26～图 4.28 可知，各站多年平均年基流量和年径流量年内分配均呈“尖廋”的单峰型，且年内分配过程基本一致；各站基流量与径流量最高

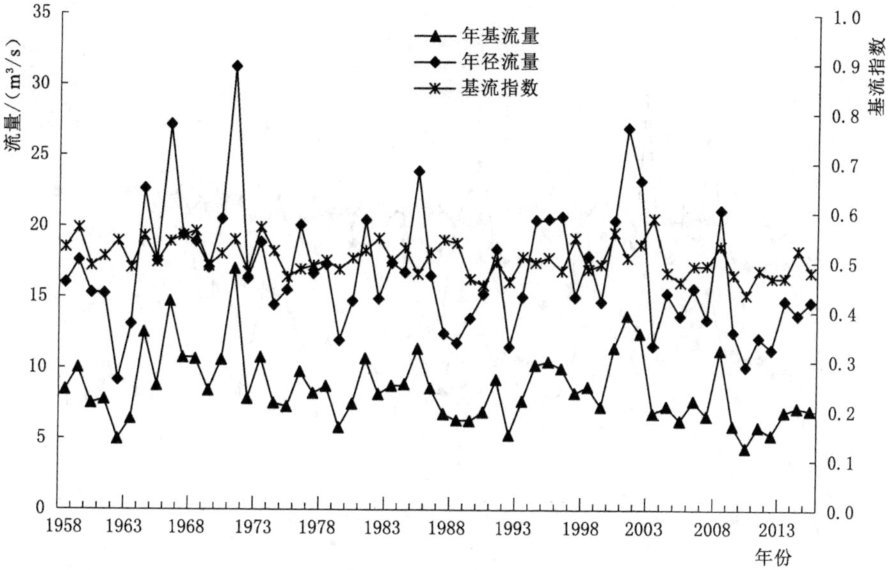

图 4.23　勐海水文站年基流量、年径流量及基流指数变化过程

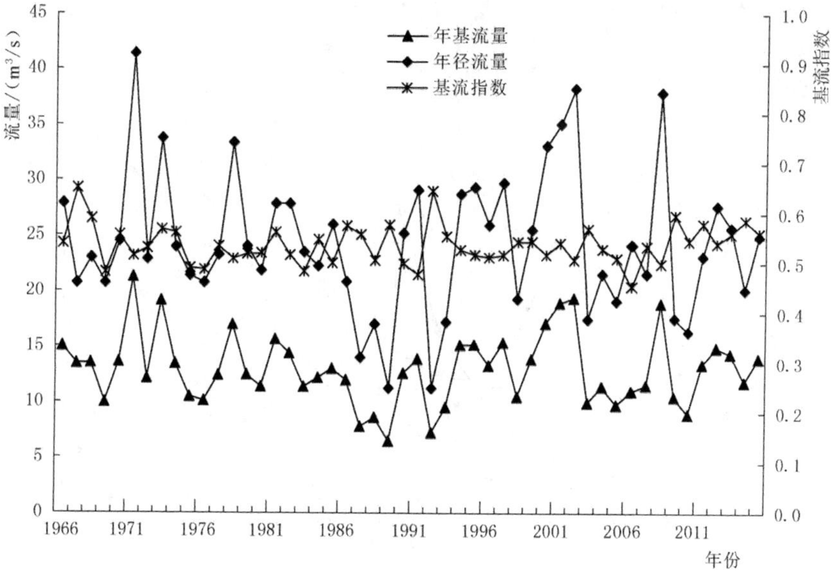

图 4.24　曼拉撒水文站年基流量、年径流量及基流指数变化过程

值均出现在 8 月，基流量最低值出现在 4 月或 5 月，径流量最低值出现在 3 月或 4 月，基流较径流变化的反映滞后一个月左右。各站多年平均年基流指数年内分配均呈 V 形，即旱季高雨季低，但年内分配过程不完全与径流相反；

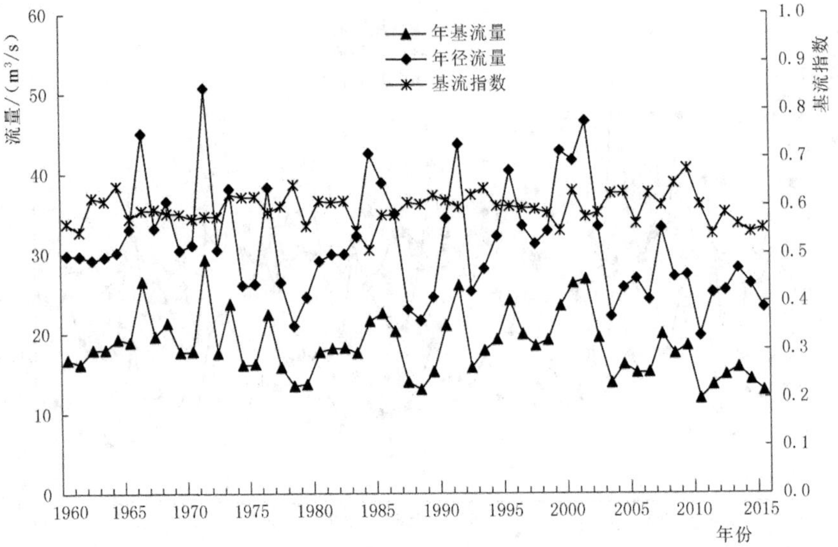

图 4.25 曼中田水文站年基流量、年径流量及基流指数变化过程

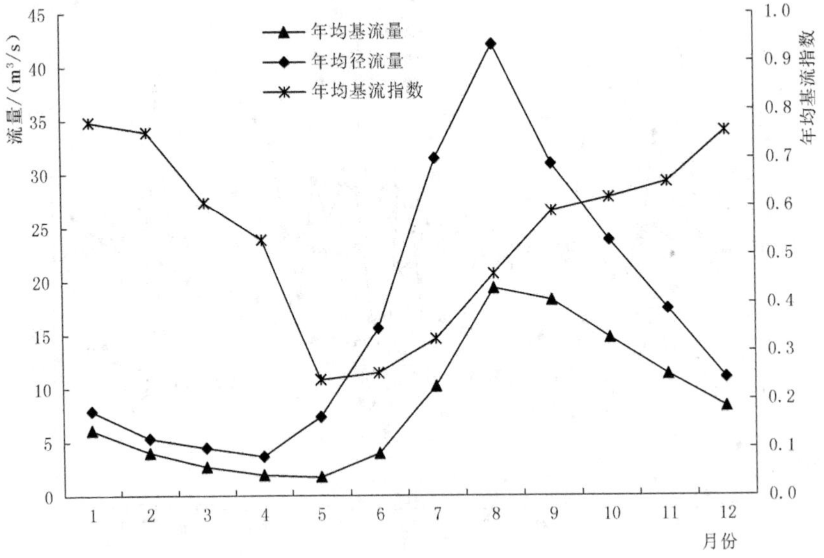

图 4.26 勐海水文站年均基流量、年均径流量及年均基流指数年内变化过程

各站多年平均年基流指数最高值出现在 1 月或 2 月，勐海水文站多年平均年基流指数最低值均出现在 5 月，曼拉撒水文站、曼中田水文站多年平均年基流指数最低值均出现在 7 月。

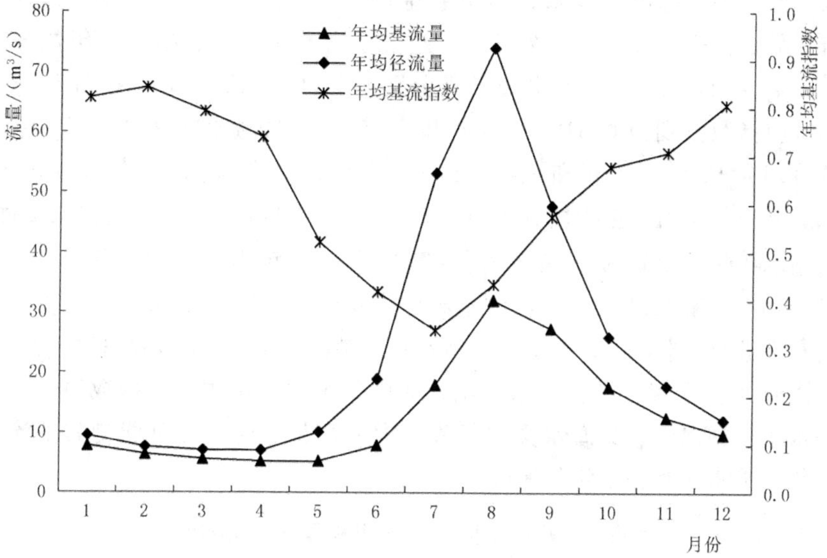

图 4.27 曼拉撒水文站年均基流量、年均径流量及年均基流指数年内变化过程

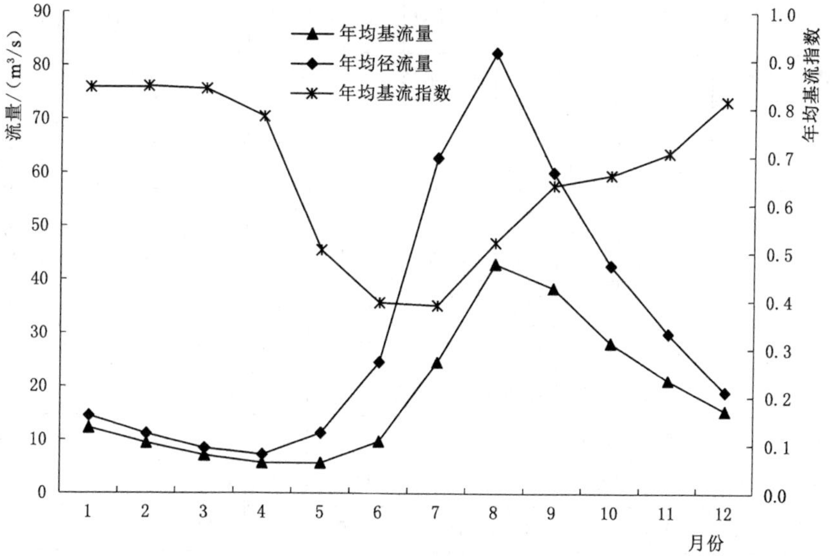

图 4.28 曼中田水文站年均基流量、年均径流量及年均基流指数年内变化过程

4.2.2.3 不同水平年基流特征

勐海水文站、曼拉撒水文站和曼中田水文站年均基流指数分别为 0.508、0.537 和 0.594，在空间上呈自西向东逐渐增加的趋势。根据各站年径流量丰

枯水平年的划分标准（表 4.5），分别统计丰、平、枯水年年均基流量和年均基流指数。由表 4.5～表 4.7 可知，勐海水文站丰、平、枯水年年数分别为 14 年、33 年和 11 年，其年均基流量分别为 11.9m^3/s、8.1m^3/s 和 5.8m^3/s，年均基流指数分别为 0.519、0.506 和 0.501；曼拉撒水文站丰、平、枯水年年数分别为 11 年、31 年和 8 年，其年均基流量分别为 17.4m^3/s、12.5m^3/s 和 8.6m^3/s，年均基流指数分别为 0.518、0.535 和 0.569；曼中田水文站丰、平、枯水年年数分别为 12 年、32 年和 12 年，其年均基流量分别为 24.5m^3/s、17.9m^3/s 和 13.9m^3/s，年均基流指数分别为 0.583、0.596 和 0.598。3 站年均基流量均为丰水年＞平水年＞枯水年；勐海水文站年均基流指数为丰水年＞平水年＞枯水年，曼拉撒水文站、曼中田水文站年均基流指数均为丰水年＜平水年＜枯水年。勐海水文站径流年内分配集中度较低可能是其基流指数丰水年＞平水年＞枯水年的原因。

表 4.5　　勐海水文站不同水平年的年基流量及年基流指数

丰水年				平水年				枯水年			
年份	年径流量/(m^3/s)	年基流量/(m^3/s)	年基流指数	年份	年径流量/(m^3/s)	年基流量/(m^3/s)	年基流指数	年份	年径流量/(m^3/s)	年基流量/(m^3/s)	年基流指数
1964	22.6	12.5	0.553	1958	16.0	8.5	0.529	1962	9.1	5.0	0.542
1966	27.2	14.7	0.541	1959	17.6	10.0	0.568	1963	13.1	6.4	0.489
1970	20.5	10.6	0.516	1960	15.3	7.5	0.492	1979	11.9	5.8	0.485
1971	31.3	17.0	0.545	1961	15.2	7.8	0.511	1987	12.4	6.8	0.545
1976	20.1	9.7	0.485	1965	17.6	8.8	0.500	1988	11.8	6.3	0.539
1981	20.4	10.7	0.523	1967	19.4	10.7	0.553	1992	11.5	5.3	0.461
1985	23.9	11.4	0.476	1968	18.9	10.6	0.562	2003	11.6	6.8	0.588
1994	20.4	10.2	0.500	1969	17.1	8.4	0.492	2009	12.6	6.0	0.475
1995	20.5	10.5	0.509	1972	16.3	7.8	0.480	2010	10.1	4.4	0.435
1996	20.7	10.0	0.482	1973	18.9	10.7	0.569	2011	12.2	5.9	0.484
2000	20.4	11.4	0.560	1974	14.4	7.5	0.522	2012	11.3	5.3	0.468
2001	27.0	13.7	0.509	1975	15.5	7.3	0.469				
2002	23.2	12.5	0.536	1977	16.7	8.2	0.493				
2008	21.2	11.3	0.533	1978	17.3	8.7	0.503				
				1980	14.7	7.5	0.508				
				1982	14.9	8.2	0.548				

续表

丰水年				平水年				枯水年			
年份	年径流量/(m^3/s)	年基流量/(m^3/s)	年基流指数	年份	年径流量/(m^3/s)	年基流量/(m^3/s)	年基流指数	年份	年径流量/(m^3/s)	年基流量/(m^3/s)	年基流指数
				1983	17.4	8.8	0.502				
				1984	16.8	8.9	0.528				
				1986	16.6	8.6	0.519				
				1989	13.5	6.3	0.466				
				1990	15.3	6.9	0.454				
				1991	18.4	9.2	0.501				
				1993	15.1	7.7	0.511				
				1997	15.1	8.3	0.549				
				1998	17.9	8.7	0.485				
				1999	14.7	7.3	0.495				
				2004	15.3	7.3	0.479				
				2005	13.7	6.3	0.460				
				2006	15.7	7.7	0.493				
				2007	13.5	6.6	0.494				
				2013	14.8	6.9	0.469				
				2014	13.8	7.2	0.525				
				2015	14.7	7.1	0.480				
多年平均	22.8	11.9	0.519	多年平均	16.0	8.1	0.506	多年平均	11.6	5.8	0.501

表 4.6 曼拉撒水文站不同水平年的年基流量及年基流指数

丰水年				平水年				枯水年			
年份	年径流量/(m^3/s)	年基流量/(m^3/s)	年基流指数	年份	年径流量/(m^3/s)	年基流量/(m^3/s)	年基流指数	年份	年径流量/(m^3/s)	年基流量/(m^3/s)	年基流指数
1971	41.4	21.3	0.515	1966	27.9	15.1	0.540	1987	14.0	7.8	0.558
1973	33.8	19.2	0.568	1967	20.7	13.5	0.650	1988	17.0	8.6	0.506
1978	33.4	17.0	0.509	1968	23.0	13.5	0.589	1989	11.2	6.5	0.577
1991	29.1	13.9	0.477	1969	20.7	10.0	0.482	1992	11.2	7.2	0.645

续表

丰水年				平水年				枯水年			
年份	年径流量/(m³/s)	年基流量/(m³/s)	年基流指数	年份	年径流量/(m³/s)	年基流量/(m³/s)	年基流指数	年份	年径流量/(m³/s)	年基流量/(m³/s)	年基流指数
1994	28.7	15.1	0.527	1970	24.5	13.6	0.557	1993	17.2	9.5	0.554
1995	29.4	15.2	0.517	1972	22.9	12.1	0.530	2003	17.5	9.9	0.569
1997	29.8	15.4	0.517	1974	24.0	13.5	0.562	2009	17.6	10.5	0.597
2000	33.1	17.1	0.517	1975	21.4	10.5	0.490	2010	16.3	8.9	0.544
2001	35.1	19.0	0.541	1976	20.8	10.1	0.487				
2002	38.3	19.4	0.507	1977	23.3	12.4	0.534				
2008	37.9	18.9	0.499	1979	24.0	12.5	0.519				
				1980	21.9	11.4	0.521				
				1981	27.9	15.6	0.562				
				1982	27.8	14.4	0.516				
				1983	23.5	11.4	0.484				
				1984	22.3	12.2	0.547				
				1985	26.0	13.0	0.501				
				1986	20.8	12.0	0.575				
				1990	25.2	12.6	0.499				
				1996	25.9	13.3	0.512				
				1998	19.3	10.5	0.543				
				1999	25.5	13.9	0.544				
				2004	21.5	11.4	0.529				
				2005	19.1	9.7	0.510				
				2006	24.1	11.0	0.454				
				2007	21.5	11.5	0.534				
				2011	23.1	13.4	0.579				
				2012	27.7	14.9	0.540				
				2013	25.7	14.4	0.559				
				2014	20.1	11.8	0.586				
				2015	24.9	13.9	0.560				
多年平均	33.6	17.4	0.518	多年平均	23.4	12.5	0.535	多年平均	15.3	8.6	0.569

表 4.7　　曼中田水文站不同水平年的年基流量及年基流指数

丰水年				平水年				枯水年			
年份	年径流量/(m³/s)	年基流量/(m³/s)	年基流指数	年份	年径流量/(m³/s)	年基流量/(m³/s)	年基流指数	年份	年径流量/(m³/s)	年基流量/(m³/s)	年基流指数
1966	45.0	26.5	0.590	1960	29.7	16.7	0.562	1978	20.9	13.4	0.643
1968	36.5	21.3	0.583	1961	29.7	16.2	0.545	1979	24.5	13.6	0.557
1971	50.7	29.3	0.577	1962	29.2	18.0	0.616	1987	23.0	13.9	0.606
1973	38.1	23.7	0.623	1963	29.5	18.0	0.609	1988	21.6	13.0	0.602
1976	38.2	22.4	0.585	1964	30.1	19.3	0.641	1989	24.5	15.2	0.620
1984	42.5	21.5	0.507	1965	33.1	18.9	0.572	1992	25.2	15.7	0.622
1985	38.8	22.5	0.580	1967	33.2	19.6	0.592	2003	22.1	13.8	0.625
1991	43.6	26.0	0.596	1969	30.4	17.7	0.581	2006	24.2	15.1	0.626
1995	40.3	24.1	0.598	1970	31.1	17.8	0.573	2010	19.7	11.8	0.601
1999	42.8	23.4	0.547	1972	30.4	17.6	0.577	2011	25.0	13.5	0.540
2000	41.6	26.2	0.631	1974	26.0	16.1	0.617	2012	25.3	14.8	0.585
2001	46.5	26.8	0.576	1975	26.2	16.2	0.618	2015	23.2	12.8	0.552
				1977	26.4	15.8	0.598				
				1980	29.0	17.7	0.609				
				1981	29.9	18.1	0.606				
				1982	29.9	18.2	0.609				
				1983	32.1	17.5	0.547				
				1986	34.9	20.2	0.580				
				1990	34.4	21.0	0.610				
				1993	28.1	17.8	0.635				
				1994	32.1	19.2	0.599				
				1996	33.4	19.9	0.594				
				1997	31.1	18.4	0.592				
				1998	32.8	19.2	0.584				
				2002	33.3	19.5	0.585				
				2004	25.7	16.1	0.628				
				2005	26.8	15.1	0.562				
				2007	33.2	19.9	0.600				

续表

丰水年				平水年				枯水年			
年份	年径流量/(m^3/s)	年基流量/(m^3/s)	年基流指数	年份	年径流量/(m^3/s)	年基流量/(m^3/s)	年基流指数	年份	年径流量/(m^3/s)	年基流量/(m^3/s)	年基流指数
				2008	27.1	17.5	0.646				
				2009	27.3	18.5	0.676				
				2013	28.1	15.7	0.561				
				2014	26.2	14.2	0.544				
多年平均	42.0	24.5	0.583	多年平均	30.0	17.9	0.596	多年平均	23.3	13.9	0.598

4.3　结　　论

（1）澜沧江流域中部勐海水文站、曼拉撒水文站和曼中田水文站年降水量空间分布呈自西向东增加的趋势。20 世纪 50 年代末期以来，曼拉撒水文站年降水量呈缓慢增加趋势，而年径流量呈缓慢减少趋势；勐海水文站和曼中田水文站年降水量和年径流量呈减少趋势。预测未来勐海水文站、曼拉撒水文站和曼中田水文站年径流量将以较弱持续性延续当前趋势。

（2）勐海水文站、曼拉撒水文站和曼中田水文站年内降水集中度呈上升趋势，年内径流集中度呈缓慢下降趋势，说明 20 世纪 50 年代末期以来，研究区境内水源涵养功能呈缓慢上升趋势。

（3）20 世纪 50 年代末期以来，勐海水文站年输沙量呈增加趋势，反映主要集水区流沙河流域境内受人类活动影响水土流失加剧。勐海水文站年降水量在 1978 年发生突变，年输沙量在 1985 年左右发生突变，在年降水量减少趋势不显著的前提下，勐海水文站 1985—2015 年期间输沙模数高于 1963—1984 年期间输沙模数，说明 20 世纪 80 年代以来集水区内茶叶林种植园面积的迅速增加等人类活动的加剧增加了流域输沙量。预测未来勐海水文站年输沙量将以较弱持续性延续当前趋势，有必要进一步加强水土流失的工程和生物治理措施。

（4）勐海水文站、曼拉撒水文站和曼中田水文站年均基流指数分别为 0.508、0.537 和 0.594，在空间上呈自西向东逐渐增加的趋势。勐海水文站年均基流指数呈现丰水年＞平水年＞枯水年特征，曼拉撒水文站、曼中田水文站年均基流指数均呈现丰水年＜平水年＜枯水年特征。

第5章　西双版纳州雾的气候学特征及其影响因素

以气候变化为代表的全球变化越来越受到科学界、社会公众和各国政府的关注。雾是重要的气象要素，主要由悬浮于近地表空气中的水滴或冰晶组成，其形成、发展和消散主要发生在大气气溶胶荷载表面，与空气中水汽含量高度相关，在水汽充足且空气冷却达到饱和或过饱和状态时，空气中的水分凝结产生雾，雾形成后的直接作用是降低大气水平能见度（李子华，2001；丁一汇 等，2014）。在人类早期对雾的发展变化就已经有所认识，随着航空、航海和陆路交通的发展，雾事件发生时导致的能见度恶化易引发交通事故，造成人民生命财产的重大损失（Forthun et al.，2006）；此外，雾事件过程中常伴随着污染物与空气中的水汽相结合的现象，有毒有害物质被人体吸入后容易在体内滞留并诱发或者加重疾病，有可能损害人体健康（周广强 等，2013），因而，雾天尤其是浓雾天气被认为是灾害性天气之一。另外，对某些生态系统而言，雾是其重要的水分和养分来源，在智利、厄瓜多尔、秘鲁以及其他沿海国家和地区，常采用捕雾网收集雾水作为其生产生活用水（Gultepe et al.，2007）；雾是热带山地云雾林区别于其他雨林的重要气象要素，雾虽然不直接带来降水，但雾为热带山地提供了额外的水分和化学组分输入，是热带山地云雾林得以存在和发展的基础（Bruijnzeel et al.，1998）；美国加利福尼亚地区海岸森林中，林冠层及林下植被能有效截留雾中携带的水分，且雾的凝结核中所含的养分以及雾中所溶解的大气养分还是植物重要的养分资源（Dawson，1998）；非洲纳米比亚沙漠中的雾姥甲虫在雾事件过程中，通过调整其身体姿态从雾水中捕获其自身所需水分（Hamilton et al.，1976）。雾与区域生态环境之间关系密切，既受区域环境变化的影响，也能改变和影响区域生态环境。黄玉仁等通过在西双版纳州景洪和勐养的观测证实，由于高强度人类活动及城市发展导致的城市热岛效应，使得位于城区的景洪观测点相对于位于热带森林保护区的勐养观测点而言，雾日数减少，雾事件持续时间较短，雾水含量减少（黄玉仁 等，2000）。Ingwersen（1985）指出，俄勒冈州布尔朗市流域福克斯溪实验流域内，花旗松的大量砍伐、木材的运输和伐木后对残留植被的燃烧可能导致流域内雾滴和流域流量显著下降，在伐木结束五六年后，随着植被的逐渐恢复雾水也逐渐增加。以上研究说明区域生态环境的变化有可能引起雾等气象因子的变化，从而引起区域气候变化，而气候变化又将通过一定方式反馈于生态环境。因此，有必要加强认识和研究雾的气候学特征，更好地理解雾的自然属性，获取相关知识信息，为雾的利用和预测提供基础支持。

由于雾滴十分微小，导致雾的液态含水量较低，且雾的时空变化与热力学、物理学和化学过程的各种复杂交互作用密切相关，这种复杂性导致雾的各相关因子的参数化存在很大的不确定性，其算法的精度十分有限，因而在不同时间和空间尺度上，尤其是在地形复杂区域，对雾的发展演化过程的认识和理解还不充分，雾的观测和表征主要体现在雾的生发及持续时间和能见度等方面。雾的气候学研究中，常见的研究途径是采用气象站的定点、长期观测资料，统计雾事件频率并分析其年际变化趋势。王丽萍等（2006）研究指出，中国大多数区域雾日数有减少趋势，并认为气温升高导致中国大部分地区大雾减少，且大雾日数与相对湿度有着显著的正相关关系。LaDochy（2005）基于洛杉矶 1950—2001 年期间的气候数据的统计分析，发现洛杉矶的雾尤其是能见度低于 500m 的浓雾事件频率显著减少，认为这与快速城市化、城市热岛效应以及城市的空气污染治理有着显著的相关关系。Hanesiak 等（2005）采用逻辑回归技术研究了加拿大北极地区 1953—2004 年期间的气候数据，发现雾的频率在其东部地区减少而在西南部地区升高。Forthun 等（2006）采用简单线性回归分析，发现美国东南部地区雾事件的频率以降低为主。仅仅关注雾日的出现频率容易夸大雾事件的总量，因为雾的生成、发展和消散仅仅出现在一天中的某些时间，因此，当前应加强对雾事件相关要素的研究，满足其认识和服务生产生活的需要。Zhang 等（2014）研究了中国华北平原雾天能见度的参数化及其与微观物理性质之间的关系，指出在中国华北平原地区的浓雾事件中，同时考虑雾的液态含水量和雾滴数浓度可显著降低能见度计算的相对误差。基于观测站点的气象特征仅能代表有限的空间范围，随着遥感技术的发展，利用遥感影像观测雾的发展变化特征越来越受到关注。Dennis 等（2014）基于 1980—1999 年的 AVHRR（advanced very high resolution radiometer，AVHRR）影像和 2000—2013 年 MODIS（the moderate resolution imaging spectroradiometer，MODIS）影像，结合气象站观测数据，发现加利福尼亚中部山谷地区冬季雾事件的频率降低了 46%。

拟通过统计分析西双版纳州 1961—2016 年期间雾日数及雾持续时长的变化特征，研究其与气温和降水之间的相互联系，认识和了解西双版纳州雾的自然属性，提高对雾的科学理解，分析雾对人类日常生活的直接和间接影响，以便更好地在生产、生活实践活动中利用甚至预测雾事件，为保护和恢复生态环境提供科学基础和理论依据。

5.1 数据来源与研究方法

5.1.1 数据来源

西双版纳傣族自治州位于东经 99°56′～101°51′、北纬 21°08′～22°36′之间，是东南亚热带雨林分布的最北缘，是我国重要的热带林区，有着十分丰富的生物多样性，属于印缅生物多样性热点地区（Myers et al.，2000）。西双版纳州多年平均气温为 21.8℃，四季温差较小，多年平均年降水量为 1490mm，其中 5—10 月降水量占年降水量的 84%，形成了明显的旱季（11 月至次年 4 月）和雨季（每年 5—10 月），区内年日照时数总量为 1858.7h。西双版纳州自 20 世纪 50 年代开始大规模引种天然橡胶，是我国重要的橡胶种植园区（邹国民 等，2015）。

采用西双版纳州勐海、景洪和勐腊三个测站 1961—2016 年的降水、气温和雾的观测数据，将各月、季、年中的累积雾日数记为月、季、年雾日数，将各月、季、年中的雾事件的累积持续时间记为月、季、年雾时长。其中春、夏、秋、冬季分别为每年的 3—5 月、6—8 月、9—11 月和 12 月至次年 2 月，雨季和旱季分别为每年的 5—10 月和 11 月至次年 4 月。数据来源于国家气象科技数据中心和云南省气象局。

5.1.2 研究方法

Mann - Kendall 趋势检验是基于时间序列的秩与其时间顺序之间的相关性，用于时间序列中的趋势显著性检验（Hamed，2008），它是观测量的秩的函数，不受数据实际分布的影响，对外界的敏感性较小。趋势的显著性可通过比较其统计变量的 Z 值来检验：Z 服从标准正态分布，在双边趋势检验中，给定显著性水平 α，当 $|Z|>Z_{1-\alpha/2}$ 时，认为时间序列存在显著的变化趋势。当 $|Z|$ 大于等于 1.28、1.64、2.33 时，表示分别通过了信度为 90%（0.10）、95%（0.05）和 99%（0.01）的显著性检验。

采用 Mann - Kendall 突变检验确定时间序列突变开始时间及突变区域（魏凤英，2007），分别计算时间序列 X 及其逆序排列的时间序列 X' 的统计序列 UF_k 和 UB_k：$UF_k>0$ 表明序列呈上升趋势，$UF_k<0$ 则表明序列呈下降趋势；当它们超过临界直线时（在 0.05 显著性水平下，临界值 $|U|=1.96$），表明上升或下降趋势显著；若 UF 和 UB 这两条曲线出现交点，且交点在临界直线之间，交点对应的时刻就是突变开始时刻。

相关分析方法是常用的检验自然界中各要素相互联系相互制约的重要分析方法，但无论是没考虑其他变量对分析变量影响的常规相关分析方法，还是消除了其他变量影响之后的偏相关分析方法，均认为两个因素之间的相关程度相等。这与实际情况不完全相符合，如气温对雾的关联程度与雾对气温的关联程度可能并不等同，本书采用灰色关联分析方法（徐建华，2017）来度量西双版纳州年雾日数、年雾时长与年均温、年降水量的相关程度以克服上述缺陷。为消除量纲的影响，在计算之前，先将年雾日数、年雾时长、年均温及年降水量进行均值变换。

5.2　西双版纳州雾日数和雾时长变化特征

5.2.1　雾生发在日时间尺度上的变化特征

图 5.1 是西双版纳州三个测站 1961—2016 年期间雾事件生发及维持时间在每小时的百分比。由图 5.1 可知，西双版纳州的雾主要出现在 2：00—12：00 之间，其中景洪、勐腊测站的雾事件主要集中在 2：00—11：00 之间，勐海测站的雾事件主要集中在 8：00—11：00 之间，该时段内雾事件占其总生发时间的 97.38%，而景洪和勐腊对应时段的比例分别为 44.85% 和 37.18%。

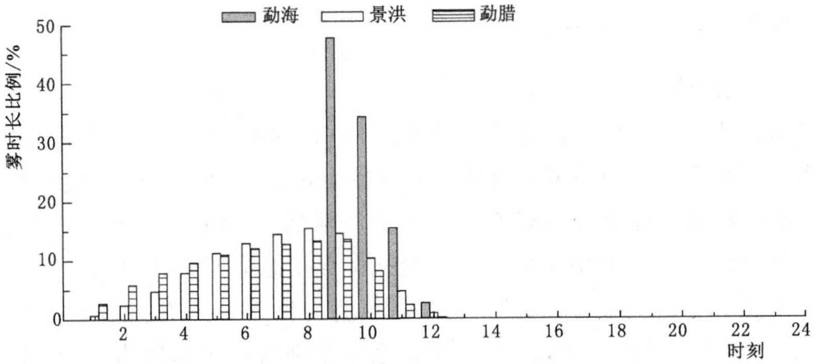

图 5.1　1961—2016 年西双版纳州雾事件生发时刻的逐小时比例

5.2.2　雾日数和雾时长月变化特征

图 5.2 是西双版纳州三个测站 1961—2016 年期间月平均雾日数和月平均雾时长分布特征、变异系数及其变化趋势检验。由图 5.2（a）和图 5.2（b）可知，西双版纳州雾事件主要集中在 10—12 月以及次年 1—2 月期间，该时间段内雾日数和雾时长分别占年雾日数和年雾时长的 76.20% 和 84.36%，其中 10 月、11 月、12 月、次年 1 月和 2 月的月雾日数分别占年雾日数的 9.62%、14.64%、21.05%、21.44% 和 9.46%，对应各月的雾时长分别占年雾时长的 7.88%、

16.11%、25.29%、24.37%和10.71%。西双版纳州10—11月期间月雾日数和雾时长变异系数相对较低，而5—8月期间月雾日数和雾时长变异系数相对较高，各月雾时长变异系数相对大于月雾日数［见图5.2（c）和图5.2（d）］。除勐海站10—11月期间外，西双版纳州月雾日数在0.05显著性水平上呈显著下降趋势［见图5.2（e）］；除勐海站4月、8月以及10—11月期间外，西双版纳州月雾时长在0.05显著性水平上呈显著下降趋势［图5.2（f）］。

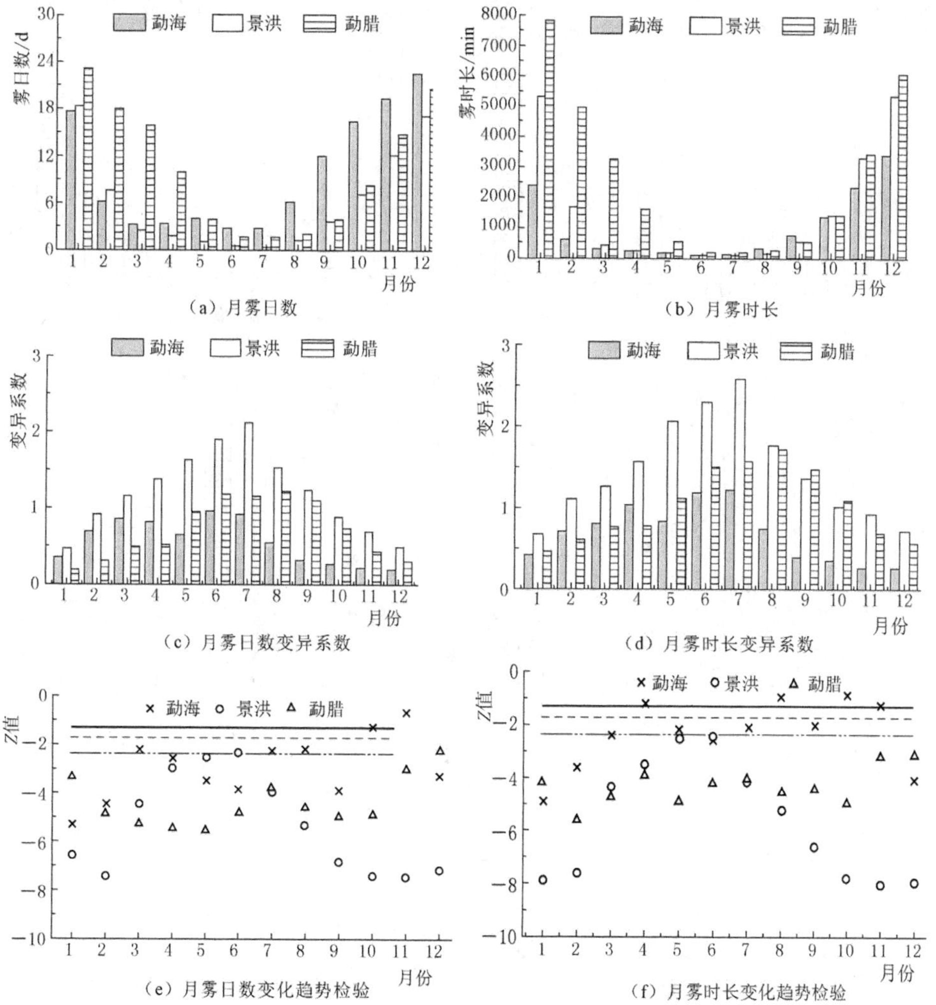

图5.2 西双版纳州三个测站1961—2016年期间月平均雾日数和月平均雾时长分布特征、变异系数及其变化趋势检验

注：图5.2（e）、图5.2（f）中实线、虚线和点线分别是趋势检验Z值的0.10、0.05和0.01显著性水平的临界值。

5.2.3　雾日数和雾时长季节变化特征

(1) 雾日数和雾时长在春、夏、秋、冬四季间的变化特征。图 5.3 是西双版纳州三个测站 1961—2016 年期间春、夏、秋、冬四季的雾日数、雾时长分布特征、变异系数及其变化趋势检验。由图 5.3 (a)、图 5.3 (b) 可知，西双版纳州的雾事件主要发生在秋、冬季期间，春、夏、秋、冬四季的雾日

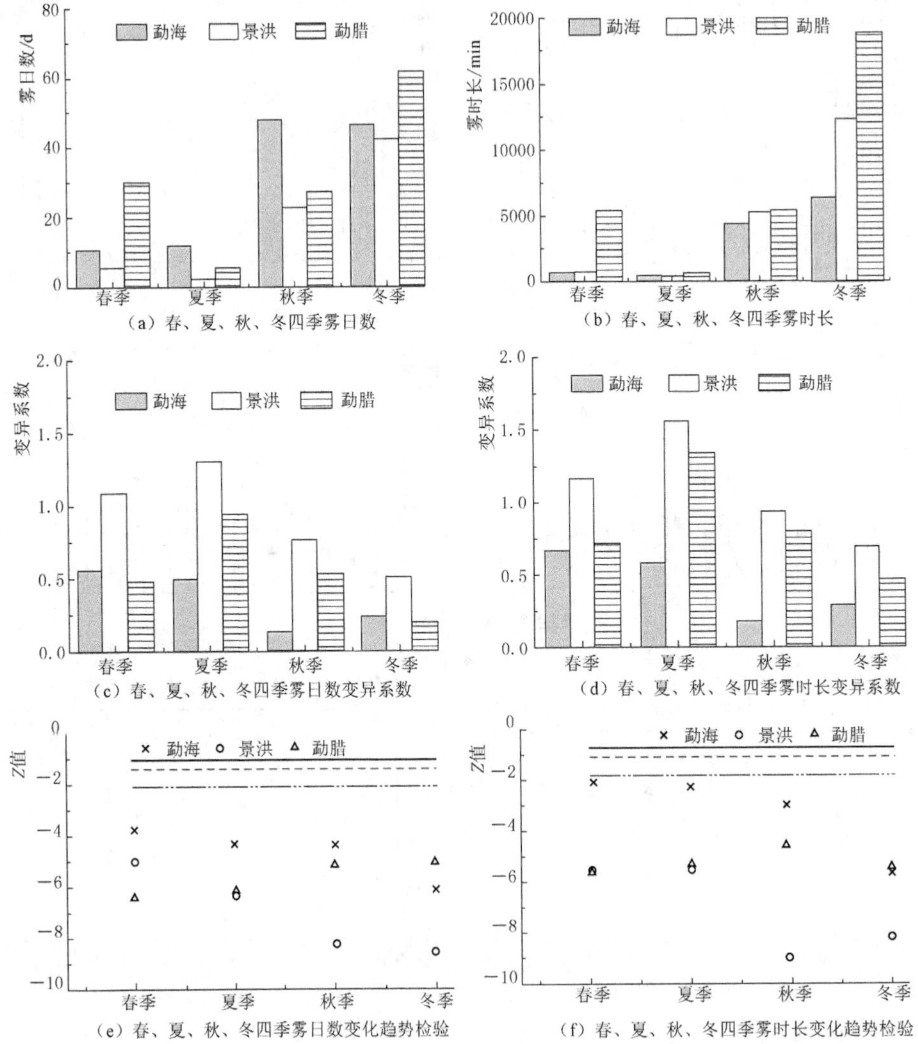

图 5.3　西双版纳州三个测站 1961—2016 年期间春、夏、秋、冬四季的雾日数、雾时长分布特征、变异系数及其变化趋势检验

注：图 5.3 (e)、图 5.3 (f) 中实线、虚线和点线分别是趋势检验 Z 值的 0.10、0.05 和 0.01 显著性水平的临界值。

数分别占全年雾日数的 13.53%、5.77%、31.46%和 49.23%，雾时长分别占全年雾时长的 9.13%、2.18%、27.87%和 60.83%。西双版纳州在春、夏季雾日数和雾时长变异性较大，而秋、冬季的变异性相对较小；景洪站四季雾日数和雾时长变异性最大，其次为勐海和勐腊站［图 5.3（c）和图 5.3（d)］。西双版纳州春、夏、秋、冬四季雾日数和雾时长均在 0.01 显著性水平上呈显著下降趋势［图 5.3（e）和图 5.3（f)］。

（2）雾日数和雾时长在旱季和雨季期间变化特征。图 5.4 是西双版纳州三个测站 1961—2016 年期间旱季和雨季雾日数、雾时长分布特征、变异系数及其变化趋势检验。由图 5.4（a)、图 5.4（b）可知，西双版纳州的雾事件主要发生在旱季期间，旱季和雨季雾日数分别占年雾日数的 75.22%和 24.78%，旱季和雨季雾时长分别占年雾时长的 85.08%和 14.92%。雨季雾日数和雾时长变异系数相对较大［图 5.4（c）和图 5.4（d)］，旱季和雨季雾日数和雾时长均在 0.01 显著性水平上呈显著下降趋势［图 5.4（e）和图 5.4（f)］。

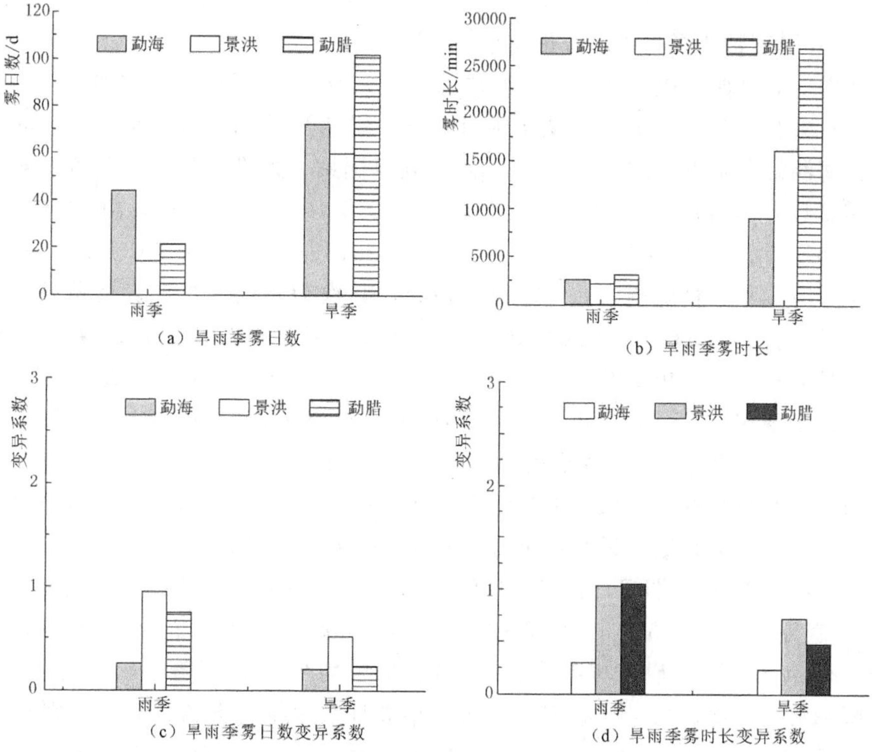

图 5.4（一） 西双版纳州三个测站 1961—2016 年期间旱季和雨季雾日数、雾时长分布特征、变异系数及其变化趋势检验

注：图 5.4（e)、图 5.4（f）中实线、虚线和点线分别是趋势检验 Z 值的 0.10、0.05 和 0.01 显著性水平的临界值。

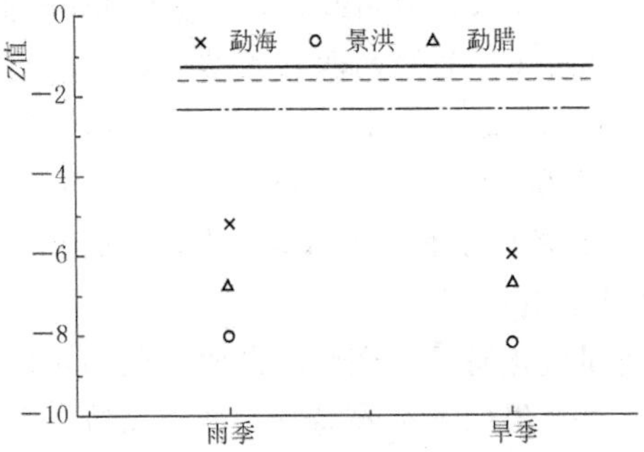

（e）旱雨季雾日数变化趋势检验

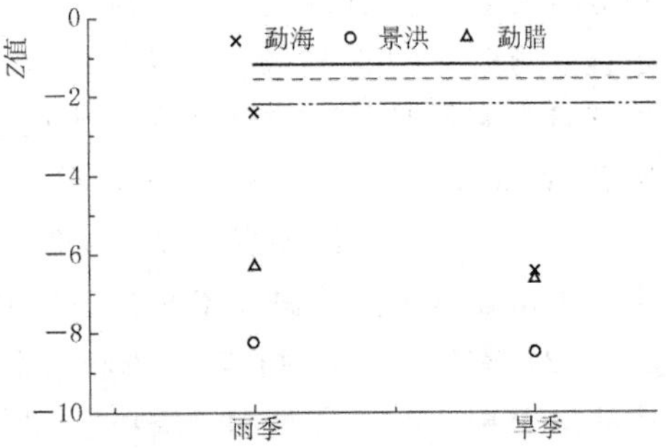

（f）旱雨季雾时长变化趋势检验

图 5.4（二）　西双版纳州三个测站 1961—2016 年期间旱季和雨季雾日数、雾时长分布特征、变异系数及其变化趋势检验

注：图 5.4（e）、图 5.4（f）中实线、虚线和点线分别是趋势检验 Z 值的 0.10、0.05 和 0.01 显著性水平的临界值。

5.2.4　雾日数和雾时长年变化特征

图 5.5 是西双版纳地区三个测站 1961—2016 年期间年雾日数和年雾时长占年日数和年时长百分比。从年雾日数看，勐腊测站的年雾日数最多，其次为勐海测站和景洪测站［图 5.5（a）］；勐海测站、景洪测站、勐腊测站最多年雾日数分别出现在 1978 年（167d）、1978 年（144d）和 1965 年（208d），最少年雾日数分别出现在 2005 年（74d）、2013 年（2d）和 2015 年（42d）。从年雾时长看，勐腊测站的年雾时长最长，其次为景洪测站和勐海测站［图 5.5（b）］；勐海测站、景洪测站、勐腊测站最多年雾时长分别出现在 1978 年（17054min）、1962 年（46154min）和 1966 年（64995min），最少年雾时长分别出现在 2005 年（6984min）、2010 年（49min）和 2016 年（2010min）。勐海测站、景洪测站和勐腊测站年雾日数变异系数分别为 0.20、0.59 和 0.31，年雾时长变异系数分别为 0.21、0.76 和 0.54，各测站年雾时长的变异系数均大于年雾日数，说明年雾时长的变化强度相对较大。

1961—2016 年期间，勐海、景洪、勐腊三个测站年雾日数变化趋势检验的 Z 值分别为 −6.53、−8.95 和 −7.07，年雾时长的 Z 值分别为 −5.60、−9.07 和 −6.42，说明其年雾日数和年雾时长均在 0.01 显著性水平上呈显著下降趋势。勐海、景洪、勐腊三个测站年雾日数占年日数的百分比分别从 20 世纪 60 年代的 37.87%、34.22% 和 41.71% 下降到 2000—2009 年期间的 25.59%、7.09% 和 26.31%，年雾日数分别减少了 32.41%、79.28% 和 36.91%；年雾时长占年时长的百分比分别从 20 世纪 60 年代的 2.52%、7.27% 和 6.77% 下降到 2000—2009 年期间的 1.69%、0.63% 和 4.12%，年

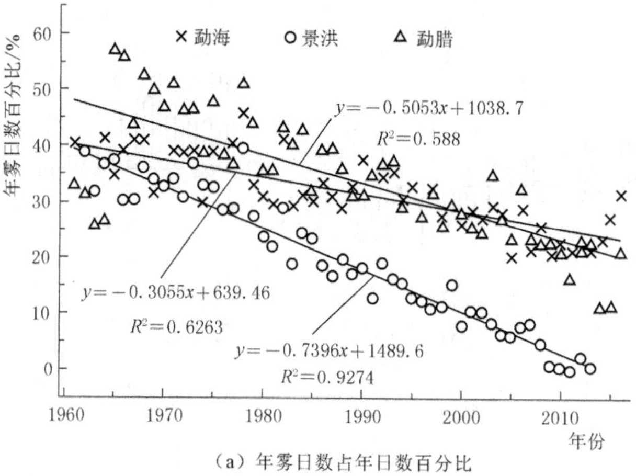

(a) 年雾日数占年日数百分比

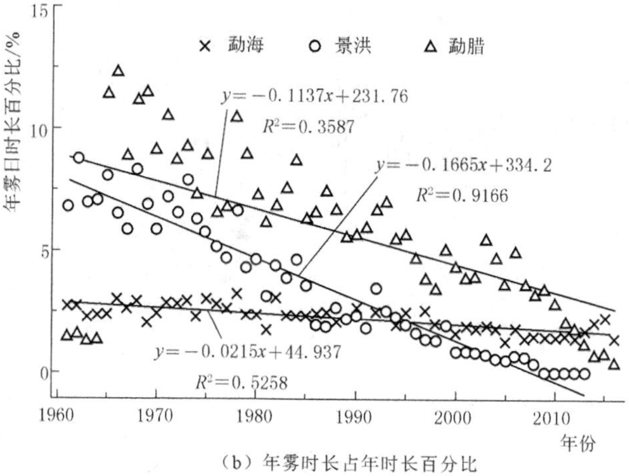

(b) 年雾时长占年时长百分比

图 5.5 西双版纳州三个测站 1961—2016 年期间年雾日数和年雾时长占年日数和年时长百分比

雾时长分别减少了 32.96%、91.26%和 39.13%。

5.2.5 年雾日数和年雾时长突变特征

(1) 年雾日数突变特征。图 5.6 是西双版纳州三个测站 1961—2016 年期间年雾日数距平变化及其突变检验的 *UF* 和 *UB* 曲线。勐海测站年雾日数的 *UF* 和 *UB* 曲线在 1982 年、1985—1986 年期间、1988—1989 年期间以及 1997—1998 年期间有 4 个交点 [见图 5.6 (d)]，其中 1982 年的交点在 0.05 显著性水平的阈值之内，结合图 5.6 (a)，可认为勐海测站年雾日数在 1982 年发生突变。同理，结合图 5.6 (b) 和图 5.6 (e)、图 5.6 (c) 和图 5.6 (f)，可认为景洪测站和勐腊测站年雾日数分别于 1972 年和 1967—1968

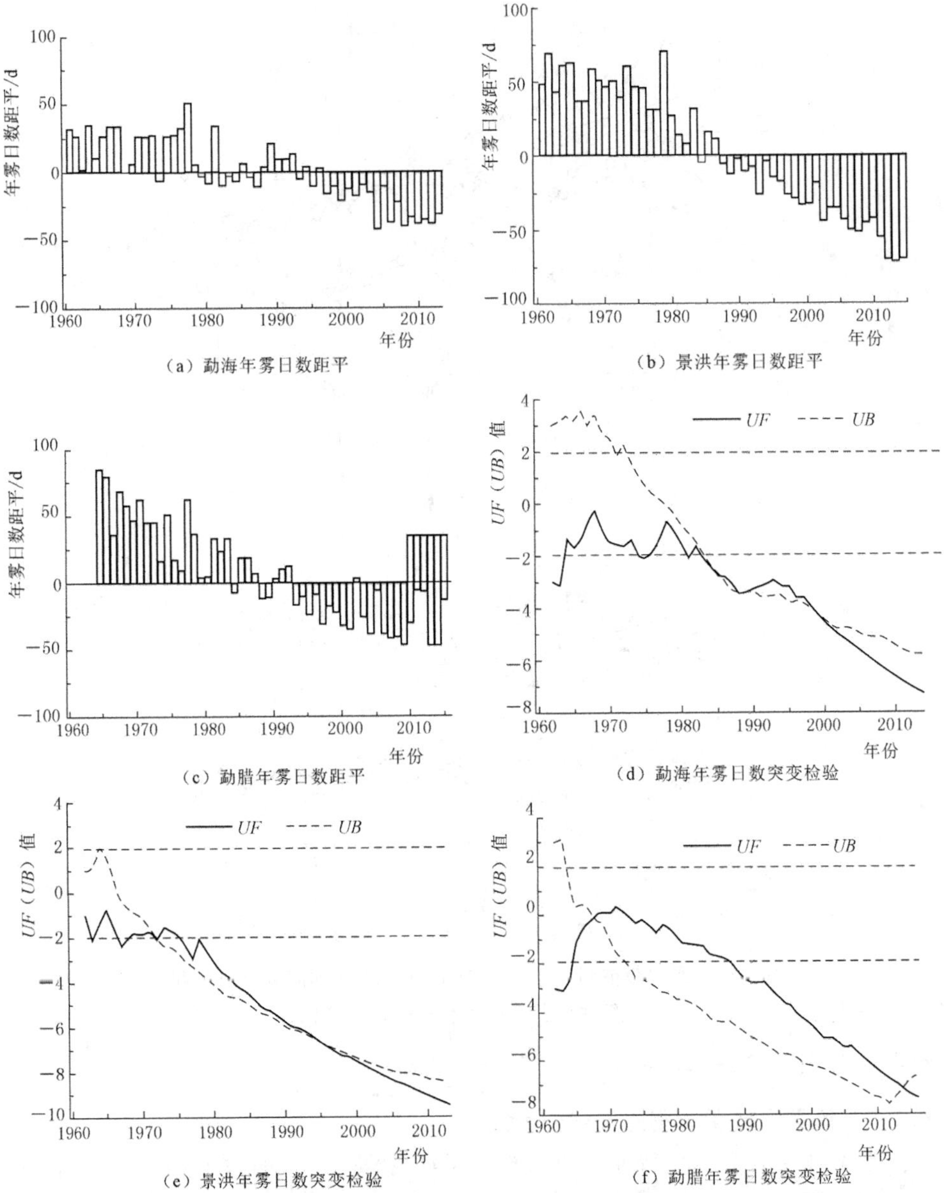

图 5.6　西双版纳州三个测站 1961—2016 年期间年雾日数距平变化及其突变检验的 *UF* 和 *UB* 曲线

年期间发生突变。综上所述，西双版纳州年雾日数突变的时间主要发生在 20 世纪 60 年代末期至 80 年代初期，其中勐腊测站年雾日数发生突变的时间最早，其次依次是景洪测站和勐海测站。

（2）年雾时长突变特征。图 5.7 是西双版纳州三个测站 1961—2016 年期间年雾时长距平变化及其突变检验的 *UF* 和 *UB* 曲线。结合图 5.7（a）和图 5.7（d）、图 5.7（b）和图 5.7（e）、图 5.7（c）和图 5.7（f），可认为勐海、景洪和勐腊三个测站年雾时长分别于 1974—1975 年期间、1970—1971 年期间和 1964—1965 年期间发生突变。综合来看，西双版纳州年雾时长的突变主要发生在 20 世纪 60 年代中后期至 20 世纪 70 年代早期，勐腊测站的年雾时长突变时间最早，其次依次是景洪测站和勐海测站。结合图 5.6 和图 5.7 可知，西双版纳州年雾日数的突变时间略滞后于年雾时长。

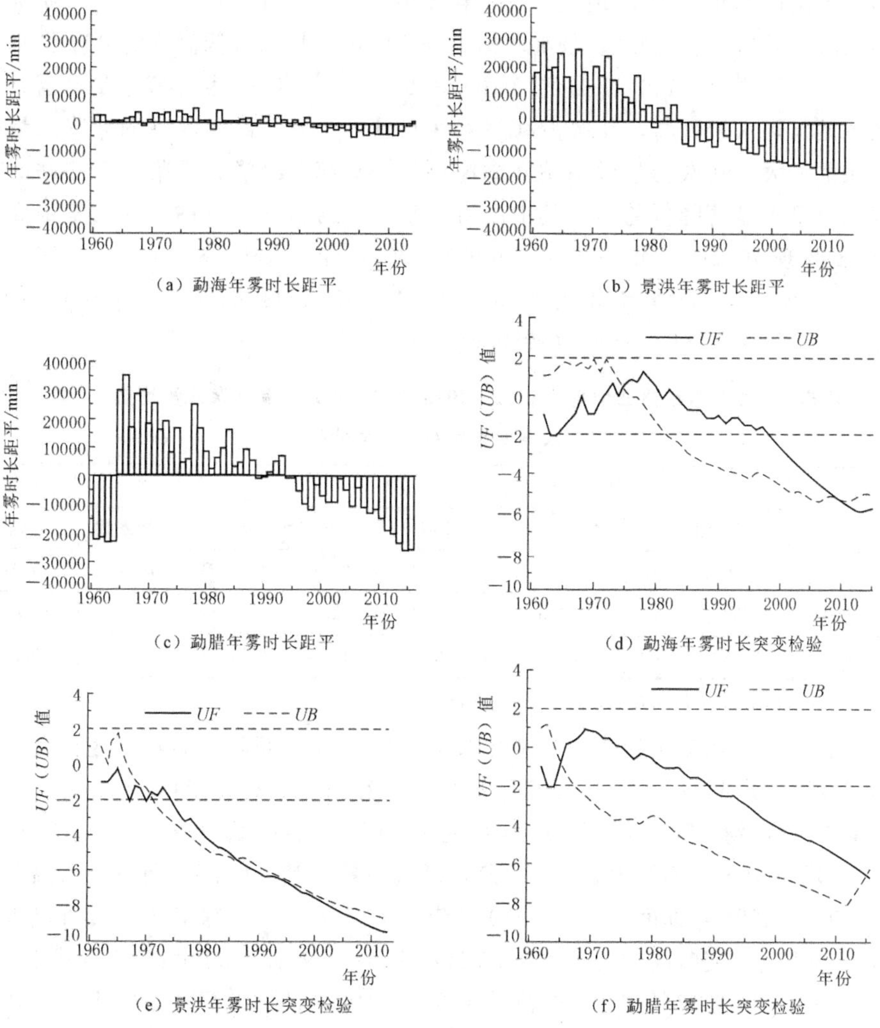

（a）勐海年雾时长距平　（b）景洪年雾时长距平

（c）勐腊年雾时长距平　（d）勐海年雾时长突变检验

（e）景洪年雾时长突变检验　（f）勐腊年雾时长突变检验

图 5.7　西双版纳州三个测站 1961—2016 年期间年雾时长距平变化及其突变检验的 *UF* 和 *UB* 曲线

5.3　西双版纳州降水和气温变化特征

表 5.1 是西双版纳州三个测站 1961—2016 年期间年均温和年降水量均值及其变异系数和变化趋势检验特征。由表 5.1 可知，从年均温来看，景洪测站的年均温最高，其次为勐腊测站和勐海测站；勐海测站的年均温变异系数相对较大，其次为景洪测站和勐腊测站；勐海、景洪、勐腊三个测站的年均温在 0.01 显著性水平上呈显著升温趋势，其中勐海测站、景洪测站、勐腊测站年均温最高值分别出现在 2010 年（20.1℃）、2014 年（23.5℃）和 2010 年（22.5℃），勐海测站、景洪测站、勐腊测站年均温最低值分别出现在 1971 年（17.4℃）、1971 年（21.1℃）和 1971 年（20.3℃）。从年降水量来看，勐腊测站年降水量最高，其次为勐海测站和景洪测站；勐腊测站的年降水量变异系数最大，其次为景洪测站和勐海测站；勐海、景洪、勐腊三个测站的年降水量呈不显著降低趋势，其中勐海、景洪、勐腊三个测站年降水量最高值分别出现在 2001 年（1733.8mm）、2001 年（1667.8mm）和 2002 年（2273.8mm），年降水量最低值分别出现在 2003 年（983.8mm）、2014 年（848.6mm）和 2004 年（1080.6mm）。

表 5.1　西双版纳州三个测站 1961—2016 年期间年均温和年降水量均值及其变异系数和趋势分析

站名	气温			降水		
	年均温/℃	变异系数	*Z* 值	年降水/mm	变异系数	*Z* 值
勐海	18.696±0.576	0.031	6.523***	1321.695±168.599	0.130	−0.997
景洪	22.399±0.575	0.025	7.287***	1155.837±185.267	0.148	−1.081
勐腊	21.538±0.540	0.024	7.668***	1518.036±235.879	0.152	−0.304

注　***为在 0.01 的显著性水平上趋势显著。

图 5.8 是西双版纳州三个测站 1961—2016 年期间年均温距平变化及其突变检验的 *UF* 和 *UB* 曲线。结合图 5.8（a）和图 5.8（d），可认为 1961—2016 年期间，勐海测站的年均温的突变时间不明显；结合图 5.8（b）和图 5.8（e）、图 5.8（c）和图 5.8（f），可认为景洪和勐腊两个测站年均温分别于 1987—1988 年期间和 1978—1979 年期间发生突变。综上所述，西双版纳州年均温的突变时间主要发生在 20 世纪 70 年代末期至 20 世纪 80 年代末期。

图 5.9 是西双版纳州三个测站 1961—2016 年期间年降水量距平变化及其突变检验的 *UF* 和 *UB* 曲线。结合图 5.9（a）和图 5.9（d）、图 5.9（c）和图 5.9（f）可知，勐海和勐腊两个测站年降水量的 *UF* 和 *UB* 曲线在 1961—2016

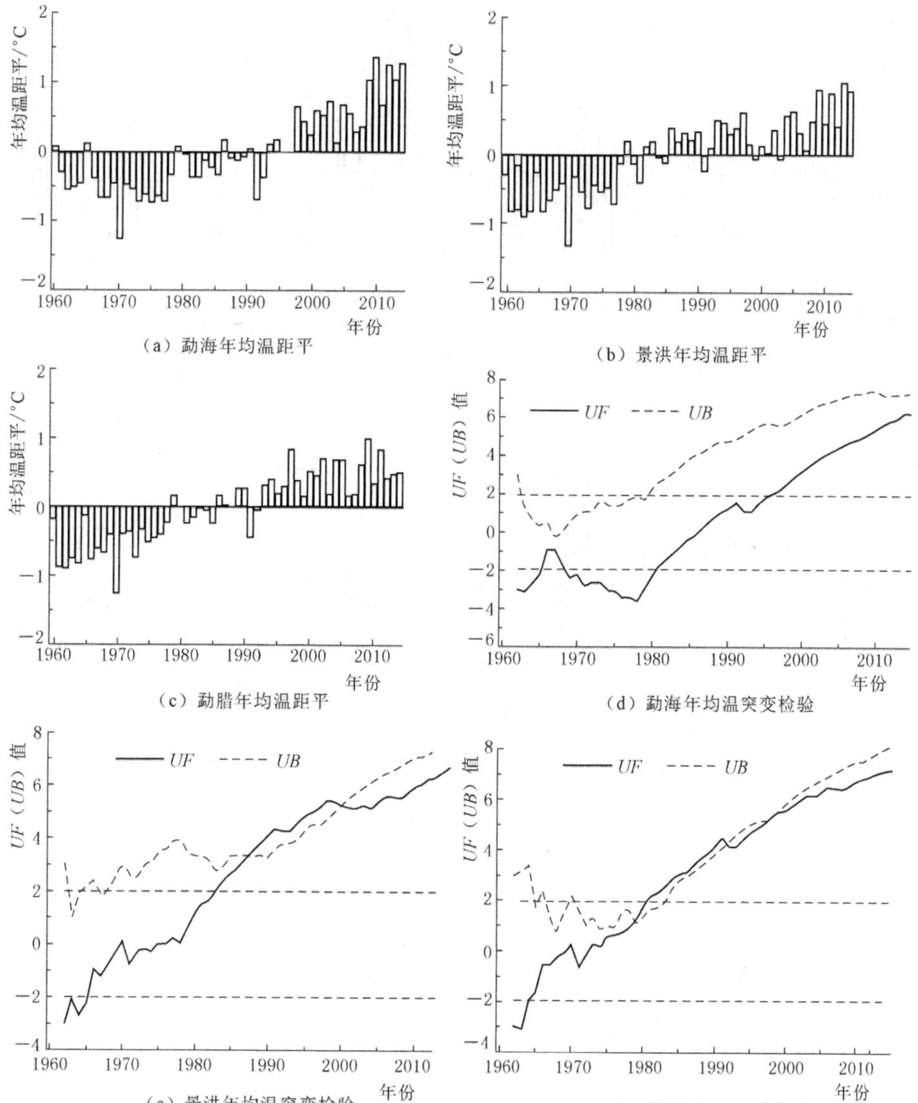

（a）勐海年均温距平 （b）景洪年均温距平

（c）勐腊年均温距平 （d）勐海年均温突变检验

（e）景洪年均温突变检验 （f）勐腊年均温突变检验

图 5.8 西双版纳州三个测站 1961—2016 年期间年均温距平变化及其突变检验的 *UF* 和 *UB* 曲线

年期间无交点，说明其降水量序列无明显的突变点。结合图 5.9（b）和图 5.9（e），景洪站年降水量的 *UF* 和 *UB* 曲线有 4 个交点且均在 0.05 显著性水平阈值之内，但景洪测站大部分年份 *UF* 值位于 0.05 显著性水平的阈值±1.96 范围之内，结合表 5.1 所示的年降水不显著减少的变化趋势，可认为景洪测站年降水量在 1961—2016 年期间无明显突变。

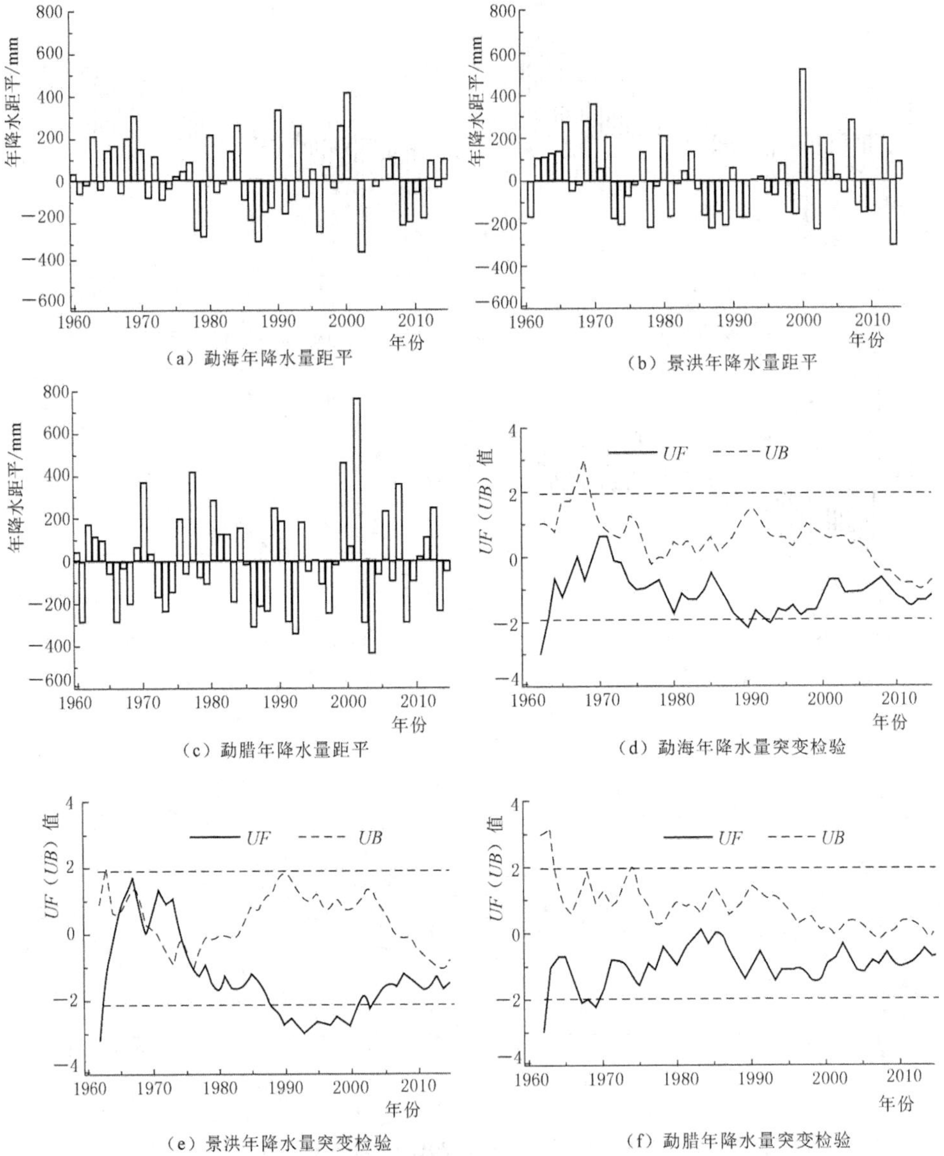

图 5.9　西双版纳州三个测站 1961—2016 年期间年降水量距平变化及其突变检验的 *UF* 和 *UB* 曲线

综上所述，西双版纳州年雾日数和年雾时长的突变时间早于年均温的突变时间，年雾日数、年雾时长的最高值和年均温的最低值均出现在 20 世纪 60—70 年代，年雾日数、年雾时长的最低值和年均温的最高值均出现在 21 世纪尤其是 2010 年以后，而年降水量的最高值和最低值均出现在 21 世纪尤其

2000—2009 年期间，说明西双版纳州的气象因子在 21 世纪以来的变率较大，也说明雾对西双版纳区域环境变化的响应较气温和降水更敏感，是指示区域环境变化的重要气象因子之一。

5.4 西双版纳州雾与气温和降水的关系

表 5.2 是西双版纳州三个测站年均温、年降水量与年雾日数、年雾时长的灰色关联度。由表 5.2 可知，西双版纳州年均温、年降水量与年雾日数的关联度大于二者与年雾时长的关联度，说明西双版纳州年降水量、年均温对年雾日数的影响大于其对年雾时长的影响。除勐海测站外，西双版纳州年降水量与年雾日数、年雾时长的关联度大于年均温与二者的关联度，说明西双版纳州年降水量对年雾日数和年雾时长的影响大于年均温对二者的影响。

表 5.2 西双版纳州三个测站年均温、年降水量与年雾日数、年雾时长的灰色关联度

项目	勐海		景洪		勐腊	
	年雾日数	年雾时长	年雾日数	年雾时长	年雾日数	年雾时长
年降水量	0.589	0.576	0.666	0.597	0.698	0.609
年均温	0.661	0.620	0.627	0.566	0.627	0.566

表 5.3 是西双版纳州三个测站年雾日数、年雾时长与年均温、年降水量的灰色关联度。由表 5.3 可知，除勐腊测站外，西双版纳州年雾日数与年均温、年降水量的关联度小于年雾时长与二者的关联度，说明西双版纳州年雾日数对年均温、年降水量的影响小于年雾时长对二者的影响；除景洪测站外，西双版纳州年雾日数、年雾时长与年降水量的关联度小于二者与年均温的关联度，说明西双版纳州年雾日数、年雾时长对年降水量的影响小于二者对年均温的影响。

表 5.3 西双版纳州三个测站年雾日数、年雾时长与年均温、年降水量的灰色关联度

项目	勐海		景洪		勐腊	
	年降水量	年均温	年降水量	年均温	年降水量	年均温
年雾日数	0.589	0.613	0.592	0.567	0.613	0.643
年雾时长	0.604	0.636	0.594	0.582	0.611	0.625

结合表 5.2 和表 5.3 可知，勐海、景洪和勐腊三个测站的年降水量与年雾日数的关联度大于年雾日数与年降水量的关联度，说明区内年降水量对年雾日数的影响大于年雾日数对年降水量的影响；除景洪测站外，西双版纳州

年降水量与年雾时长的关联度小于年雾时长与年降水量的关联度，说明区内年降水量对年雾时长的影响小于年雾时长对年降水量的影响。除勐腊测站外，西双版纳州年均温与年雾日数的关联度大于年雾日数与年均温的关联度，说明区内年均温对年雾日数的影响大于年雾日数对年均温的影响；勐海、景洪和勐腊三个测站的年均温与年雾时长的关联度小于年雾时长与年均温的关联度，说明区内年均温对年雾时长的影响小于年雾时长对年均温的影响。

5.5　讨论和结论

5.5.1　讨论

西双版纳州的雾在清晨最为普遍，这与美国洛杉矶的雾的生消时间较为一致，这可能是由于西双版纳和洛杉矶地区主要以辐射雾为主（LaDochy，2005；黄玉生 等，1992），辐射雾形成机制导致辐射雾的出现时间以清晨为主。西双版纳州的雾主要集中在 11 月至次年 2 月期间，秋季和冬季雾日最多，这样的季节变化与全国较一致（王丽萍 等，2005）。从旱季和雨季变化来看，西双版纳州旱季期间受干暖热带大陆气团控制，以晴朗天气为主（张克映，1963），白天地表接收大量太阳辐射导致温度升高，夜间地表释放长波辐射导致温度降低，有利于近地表形成逆温层，从而有利于西双版纳州旱季期间雾的形成。

降低空气温度使其冷却到露点或增加空气中的水汽致空气饱和，是产生水汽凝结有利于雾形成的两条途径（刘小宁 等，2005）。曾波等（2018）研究发现，我国南方地区相对湿度与降水量呈显著的正相关关系，说明降水减少伴随着大气相对湿度降低。研究发现年降水量对年雾日数的影响大于年雾日数对年降水量的影响，说明了降水对雾事件生成和发展的重要性，而西双版纳州的年降水量呈降低趋势，这有可能预示着区域的水分补给和输入减少，从而影响区域雾事件的生成和发展。研究时段内，西双版纳州气温显著升高，导致近地层空气的露点随之升高、饱和水汽压增大，在水汽输入不能增加大气实际水汽含量的背景下，大气相对湿度下降，大气难以达到或接近饱和，不利于雾的形成。这与丁一汇等（2014）提出的在气候变暖背景下，由于温度和饱和比湿增加导致的我国近地面相对湿度减少对雾和霾形成的环境条件可能产生了明显的影响的论断一致。

雾事件频率和其持续时间变化是我国和全球气候变化的重要表现，雾形成后在一定程度上减少了到达地表的太阳辐射，降低近地表气温，在本书研究中的表现是年雾时长对年均温的影响大于年均温对年雾时长的影响，说明了雾事件对环境的重要影响。这也得到了相关研究的证实，如 Ritter 等（2009）在加那利群岛的研究指出，在有雾的情况下，环境温度中值为 7～15℃；而在无雾的情况下，环境温度中值达到 9～21℃。Dennis 等（2014）指出，加利福尼亚中央谷地地区冬季雾的减少，增加了区内的太阳辐射，提升了日最高气温，通过改变能量平衡导致区内果树芽体的累积寒冷时数减少，对区内果树产生不利影响，并建议加强对雾事件的观测力度，慎重规划果树的管理和更新，以适应气候变化，降低经济损失。

雾虽然对交通不利，但西双版纳州因雾和逆温形成的山腰暖带有利于热带作物向山地较高海拔扩展，其高海拔多雾区盛产优质茶叶，且雾和当地自然景观的组合还是重要的旅游资源（刘文杰 等，1996）。雾水是西双版纳州热带季雨林重要的水分和养分来源，Liu 等的研究证实，雾是西双版纳境内植被生长尤其是植株幼苗和浅根系林下植物在旱季期间的重要水分来源，雾水中携带的养分还是区域植被养分的重要来源（Liu et al.，2004；Liu et al.，2014）。一方面雾水及其携带的养分可直接被植物叶片、树干、树枝拦截吸收；另一方面雾水及其携带的养分滴落在土壤表面，经植物根系吸收为植物所用（Dawson，1998）。由此可见，雾是西双版纳州重要的气候资源，是西双版纳州热带季雨林存在和发展的重要基础，有着重要的生态学意义。西双版纳州雾事件发生频率和持续时间降低必将导致雾事件过程累积雾水量的变化，这有可能影响区域天然植被的发展和演化，也有可能影响区域重要经济作物如茶叶等的发展。

5.5.2 结论

通过西双版纳州 1961—2016 年期间雾的气象观测资料分析，得到以下主要结论：

（1）西双版纳州的雾主要发生在旱季期间的清晨；年雾日数和年雾时长在 0.01 显著性水平上呈显著降低趋势，这与全球气候变化背景下区域气温显著升高的趋势相反，与区域降水减少的趋势一致，且年雾时长的变异性大于年雾日数的变异性。

（2）西双版纳地区年雾日数的突变时间略滞后于年雾时长的突变时间，年雾日数和年雾时长的突变时间早于年均温的突变时间，而年降水量的突变时间不显著，说明雾对西双版纳区域环境变化的响应较气温和降水更敏感，是指示区域环境变化的重要气象要素。

（3）西双版纳州气温、降水和雾事件密切联系并相互影响。其中，年均温、年降水量对年雾日数的影响大于其对年雾时长的影响，年雾日数对年均温、年降水量的影响小于年雾时长对二者的影响，同时年均温对年雾日数的影响大于年雾日数对年均温的影响，年降水量对年雾日数的影响大于年雾日数对年降水量的影响，说明年雾日数相对更容易受到气温和降水的影响。年降水量对年雾时长的影响小于年雾时长对年降水量的影响，年均温对年雾时长的影响小于年雾时长对年均温的影响，说明年雾时长是指示并影响区域气候变化的重要气象因子。年降水量对年雾日数和年雾时长的影响大于年均温对二者的影响，说明在气温显著升高背景下，近地表空气饱和水汽压增大，在降水减少、区域的水分输入和补给减少的前提下，大气难以达到或接近饱和，不利于雾的形成和维持。雾形成后，在其维持期间可有效降低到达地表的太阳辐射，不利于地表快速升温，可能是年雾日数、年雾时长对年降水量的影响小于二者对年均温的影响的原因，说明雾事件更容易对气温产生影响。

第 6 章　橡胶林种植的社会贡献与生态资产损失评价

云南是全国最大的天然橡胶种植基地，橡胶林种植经济效益显著，已成为云南南部山区发展经济的重要途径。特别是随着 20 世纪 90 年代中后期橡胶价格的持续走高，橡胶林的种植面积也迅猛增加，西双版纳部分地区不仅弃“田”改“胶”，还将大量的热带季雨林砍伐后种植成橡胶林，甚至一些不适宜种橡胶林的较高海拔地区也开始大规模种植橡胶林。然而，在大面积种植橡胶林带来巨大经济效益的同时，对区域生态环境、气候和水文水资源等产生了不可忽视的影响，尤其是对生态环境的负面影响也日益凸显，引起社会各界的关注。研究云南橡胶种植的历程，对橡胶林种植产生的经济社会效益和生态损失进行定量分析评估，客观认识云南橡胶种植的得失，为科学选择橡胶林生态改良途径提供基础决策依据。

6.1　橡胶林种植对区域经济社会的贡献

经过半个多世纪的发展，橡胶种植已经成为云南省西双版纳州农业生产种植规模最大、从业人员最多、比较优势最明显的支柱产业。橡胶种植不仅拉动了地方经济的发展，更使得地区的自然、社会、生态环境等多方面发生剧烈变化。

6.1.1　橡胶林种植历程

自 20 世纪初期开始，西双版纳当地少数民族居民采用刀耕火种的农耕方式逐步转向新的农耕技术，农作物以玉米等粮食作物为主的农业结构也逐步发生改变。1948 年，西双版纳引进橡胶，1953 年开始形成橡胶种植园。20 世纪 60—70 年代，随着橡胶需求量增加，国家从保障战略工业原料安全的高度，从内地组织大量汉族移民到西双版纳发展国营橡胶园，橡胶种植得到重点扶持，开始出现较大规模的国营橡胶园。随后，在经济利益的驱动下，当地农户也参与到砍伐热带季雨林种植天然橡胶的热潮中，天然橡胶种植面积迅速扩大。科学调查表明，西双版纳州海拔 800m 以下区域适宜种植天然橡胶，但随着橡胶价格上涨，橡胶种植园盲目扩张，橡胶种植海拔和坡度不断增加，致使热带季雨林遭到毁灭性破坏，甚至在原本不适合种植橡胶的海拔1300m 以上、坡度 25°以上区域也开始大规模种植天然橡胶。基于 1991—2013 年的云南统计年鉴，绘制云南省 1990—2012 年橡胶种植面积和橡胶产量的变化趋势，如图 6.1 所示。由图 6.1 可以看出，2000 年以来，云南省橡胶种植面积扩张尤为迅速。

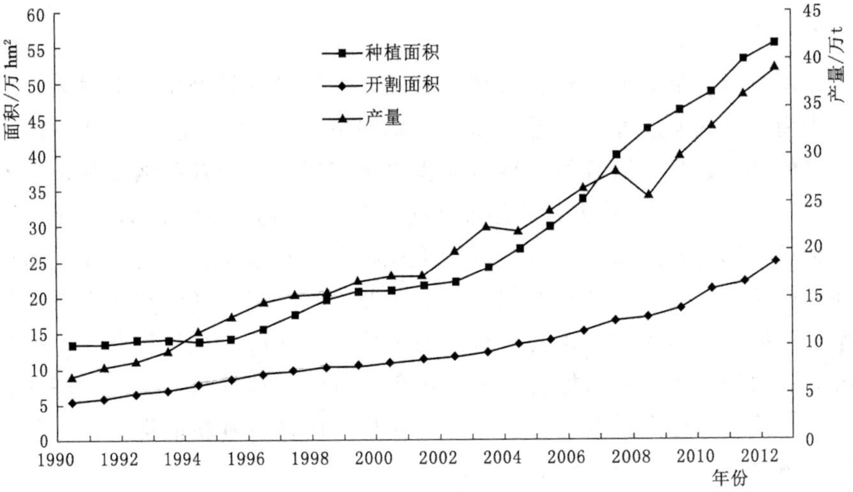

图 6.1　云南省 1990—2012 年橡胶种植历程

6.1.2　橡胶林种植的社会贡献

6.1.2.1　对区域经济发展的作用

截至 2012 年，云南省天然橡胶种植面积达到 55.64 万 hm^2，开割面积达 24.95 万 hm^2，橡胶总产量达 38.98 万 t，无论从橡胶种植面积还是从橡胶产量来看，均为我国最大的橡胶种植基地。云南省橡胶种植现已涉及西双版纳、普洱、临沧、红河、德宏、文山等 6 个州（市），其中西双版纳州种植面积最大，占云南省橡胶种植面积的 75%左右。据统计，2012 年，云南省橡胶产量达 38.98 万 t，由于历年橡胶价格波动较大，若按当前干胶价格 1 万元/t 计算，则总产值达 38.98 亿元，扣除 60%左右的种植和割胶人工成本，橡胶种植年纯利润约为 15.59 亿元。

西双版纳是云南省橡胶的主要种植区，橡胶产业是西双版纳的支柱产业之一，目前西双版纳橡胶企业达 31 家。鉴于此，以西双版纳州橡胶种植对区域经济发展的贡献进行分析。由于云南省统计年鉴中农业总产值自 2005 年之前按 1990 年不变价计算，2005 年开始按现价计算，前后不具有可比性，因此采用 1991—2004 年数据进行分析。为分析橡胶产值与农业总产值和 GDP 的对比及关联分析，橡胶产值按 90 年代橡胶平均价格 1 万元/t 计算。

由西双版纳橡胶产值与农业总产值、GDP 的对比关系图（图 6.2），西双版纳橡胶产量与农业总产值的关系图（图 6.3），西双版纳橡胶产量与 GDP 的关系图（图 6.4）可知，西双版纳橡胶产值与农业总产值的变化趋势一致，两者呈线性相关关系，其相关系数平方（R^2）达到 0.9942，且橡胶产值在农业总产值中所占比重达 54%～75%，表明橡胶种植在当地农业产值中占有绝对主导地位；虽然橡胶产值在区域 GDP 中的比重不断下降（由 1992 年最高达 47%下降到 2012 年的 13%），但 GDP 与橡胶产值呈指数关系，其相关系数平方（R^2）达到 0.9614，表明橡胶种植对当地橡胶产品深加工及其他产业的带动作用不断加强。

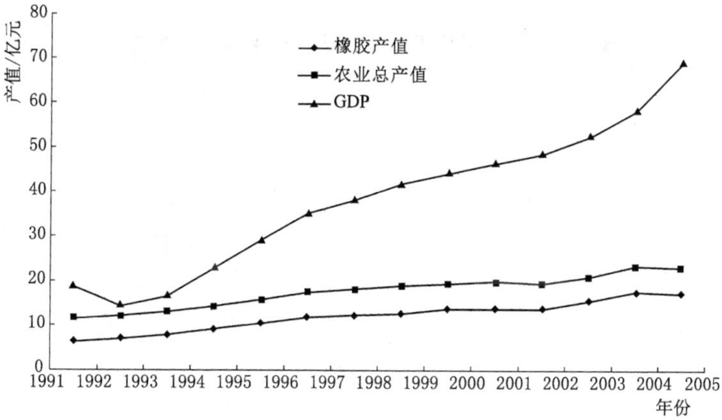

图 6.2 西双版纳州橡胶产值、农业总产值与 GDP 的对比关系

6.1.2.2 对增加农民纯收入的作用

橡胶是西双版纳州的主要经济作物，特别在农村地区，橡胶种植已成为村寨最主要的收入来源，也是村寨脱贫致富的主要手段。研究表明，橡胶种植面积与农民纯收入密切相关，种植面积每增加 1 万 hm^2，农民人均纯收入提高 386 元；橡胶种植所带来的收入增长贡献率占人均纯收入增长的 75.94%。如嘎洒镇曼沙村委会回板村小组种植橡胶 266.67hm^2，2006 年开割面积 88hm^2，年产干胶 158t，人均橡胶收入 14158 元，人均纯收入达 8860 元。据调查，许多村寨的物质生活水平也因种植橡胶得到了极大改善，轿车、高档家电等消费品也开始走进普通农民家庭。由图 6.5 可知，1992 年西双版纳农民人均纯收入仅 715 元，2012 年达到 6174 元，为 1992 年的 8.6 倍。农民人均纯收入增加过程与橡胶产量增加过程基本一致，呈显著正相关关系，其相关系数平方（R^2）达到 0.8941，足以表明橡胶种植在促进当地农民增收方面占有绝对主导地位。

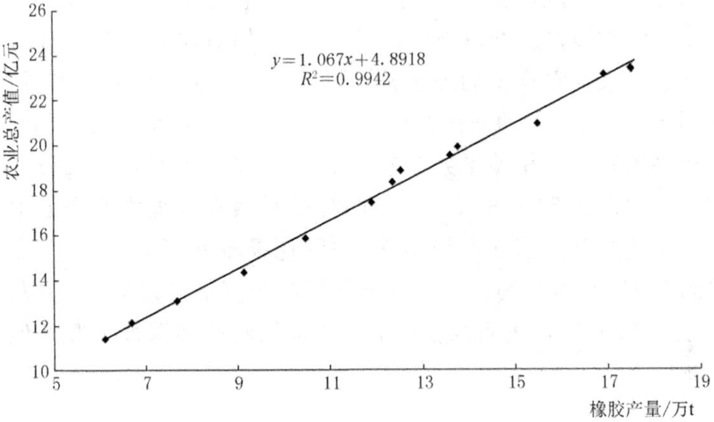

图 6.3　西双版纳州橡胶产量与农业总产值的关系

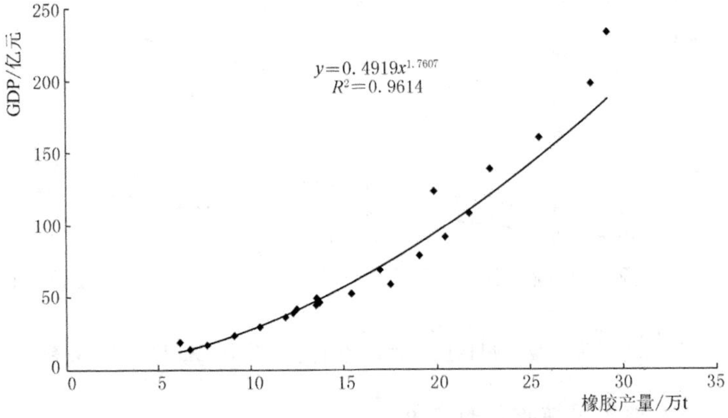

图 6.4　西双版纳州橡胶产量与 GDP 的关系

6.1.2.3　对促进就业的作用

橡胶产业属劳动密集型产业，从橡胶种植、割胶、加工运输等环节均需要大量劳动力，其中尤其割胶需要大量劳动力。为把握橡胶树割胶的最佳时间，割胶工一般要在日出前去橡胶园作业，由于割胶时间苛刻、工作强度大，需要劳动力多，除一些家庭式小微胶园由胶农自己割胶外，具有一定规模的胶园一般都采取雇佣工人割胶的模式，且根据干胶价格约定割胶分成。干胶价格越高，割胶分成中胶园主所占比例越高，干胶价格高时达到七成，但自 2010 年以来干胶价格持续走低，胶园主和工人的分成也发生巨大变化，胶园主占两成都难以雇到割胶工。云南 2012 年产胶 38.98 万 t，每人每天割胶量折合干胶约 25kg，每吨干胶需要劳动力投入为 40 工日，全省割胶需要投入

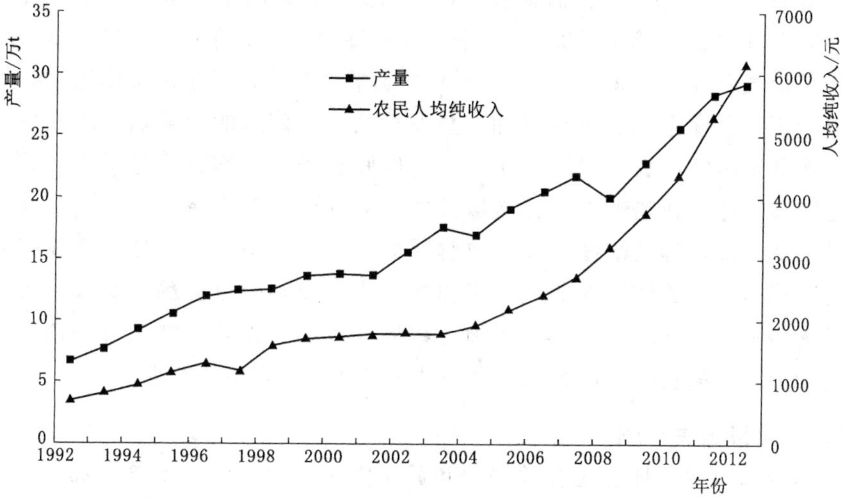

图 6.5 西双版纳州橡胶产量与农民人均纯收入变化过程

1559.2 万工日。云南天然橡胶割胶期一般从 3 月中下旬开始，至 11 月中下旬结束，共 240d 左右，按此计算，仅割胶每年就能吸纳劳动力约 6.5 万人。因此，橡胶种植对促进就业具有积极作用。在橡胶价格较高的年份，甚至有许多外地人专门到橡胶园打工。

6.2 橡胶林种植对区域生态的影响

6.2.1 区域小气候改变

森林具有调节气候、涵养水源、保持水土、防风固沙、改良土壤、减少污染、净化空气等功能，在遏制气候变化中起决定性和不可替代的重要作用。森林被毁坏后，裸露地表的土壤水分蒸发量大，空气温度升高，温差增大。

云南橡胶林生态系统大都是在砍伐和破坏原始林或次生林基础上建立起来的。由于植被及利用方式发生了改变，开垦前后气象要素有一定的变化。西双版纳热带季雨林区域干湿季明显，干季降水量仅占年降水量的 17%左右，而大面积的热带季雨林浓雾弥补了此时干旱少雨的缺陷。在新植橡胶园中，绝大部分林地裸露、遮蔽度较低、到达地表的太阳辐射量大，地表土壤蒸发加强，土壤水分丧失快，水源逐渐枯竭，逐渐导致橡胶种植园区的气候从湿热向干热转变。据气象观测资料显示，同一区域天然森林年平均气温较橡胶林低 0.2℃，年相对湿度较橡胶林高 3%。森林转变为橡胶林后，其调节气候的功能也逐渐减弱，与天然林相比较，其平均风速增加 0.2～0.4m/s，年蒸发量增加 88～160mm。随着橡胶种植面积扩大，景洪年平均气温由 1978 年的 21.7℃上升到 2008 年的 22.5℃，平均相对湿度由 84%下降到 78%，30 年来，其年平均气温升高 0.8℃，平均相对湿度降低 6%。相对于热带季雨林，橡胶林由于相对湿度下降、风速增加、蒸发量增大、储水能力减弱、水汽供应不足，不利于雾的形成。研究表明，云南橡胶林种植区雾日明显减少，雾的浓度也明显降低。在热带季雨林与橡胶林交界地带，热带季雨林一侧浓厚而橡胶林一侧稀薄，雾的浓度往往形成鲜明对比。区域小气候的变化不仅引起了生态环境退化，致使旱季期间以雾和露水为主要水分来源的生物物种难以生存而逐步消亡，同时也引起了当地一些农作物品质退化，如茶叶品质与雾气密切相关，雾期长且浓度高的地区茶叶采摘期长，且更为鲜嫩。

6.2.2　土壤流失加剧

热带季雨林的林冠能有效缓冲和截留降水。根据张一平等（2003）对西双版纳热带季雨林与橡胶林的对比观测结果，热带季雨林的林冠截留量占林外降水的 41.43%，树干茎流占 5.24%，穿透降水占 53.74%；橡胶林的林冠截留占林外降水的 24.68%，树干茎流占 6.68%，穿透降水占 67.85%。Noguchi 等（2003）的研究表明，新植胶园树冠小，不能有效减少降水对土壤的溅击和地表径流对地表的冲刷，地表径流量是热带雨林的 3 倍，土壤侵蚀量是热带雨林的 53 倍。冯耀宗（2003）的研究表明，在相同地点、相同坡度上，成林橡胶林的径流量和土壤冲刷量分别为热带季雨林的 3 倍和 6 倍。橡胶树生长周期一般为 30～40 年，而每个生长周期结束时苗木更新对地表的扰动也会加剧水土流失，且在经济利益的驱使下，种植橡胶的区域逐渐由谷地或缓坡向海拔较高的陡坡延伸，极有可能加剧水土流失。同时，水土流失所带来的土壤养分损失也非常大：砍伐热带季雨林种植橡胶林后，0～20cm 表层土壤有机物下降 23%～33%，土壤总氮量减少 20.4%；总含磷量显著降低；土壤 pH 值增加，有向碱性转化趋势。

6.2.3　水源涵养功能减弱

森林植被通过林冠层、枯枝落叶层和土壤层截蓄降水，具有良好的水源涵养功能。受树种、林分结构、土壤类型等因素的影响，不同的森林类型水源涵养能力存在一定差异。森林群落的地上部分通过截蓄降水削弱降水侵蚀力，但大部分水分存储在森林土壤中。橡胶林在水土流失加剧的影响下，土层变薄，土壤渗透力降低，土壤含水量、持水性能、蓄水性能降低，水源涵养功能持续减弱。

根据 2015 年 1 月 19—25 日对勐腊县瑶区乡桥头村和南崩村的实地调查，种植橡胶后水源涵养功能的减弱已逐渐引起了当地农村饮水困难。瑶区乡桥头村位于南崩河海拔约695m的河谷地带，由于近年来自临近的宁洱县保护区迁入移民增多，居民迫于生活压力大量砍伐水源地的原始林，导致水源林面积锐减，水源涵养功能下降，周边箐沟枯季基本全部断流，2011—2012年云南大旱期间，南崩河也曾出现断流。桥头村村民的饮水源靠在河边打井，水井出水量减少且人口增加，使得村内唯一的水井无法满足当地村民生活需要。南崩村为瑶族村寨，位于南崩河上游，海拔较高，全村共有人口近400人，饮水依靠泉水。在经济利益驱使下，2007年南崩村开始砍伐水源林种植橡胶，目前全村共有橡胶林4000亩左右，而水源林仅剩4亩，泉水枯竭，村民不得不到2km外的箐沟挑水。据村民反映，枯季村庄周边箐沟水量较10多年前普遍减少1/3～1/2。当地村民已意识到水源林破坏的后果，开始自发砍掉水源附近一部分橡胶林，恢复天然林。

6.2.4 生物多样性减少

橡胶林种植给西双版纳的生物多样性带来了重大影响。西双版纳是世界上生物多样性最丰富的地区之一，共有3500余种高等植物、700余种高等动物和1500余种昆虫，在20世纪50年代引种橡胶之前，云南西双版纳的天然森林覆盖率在75%左右，气候环境优越，生物资源丰富，但近年来其生物多样性正在逐渐丧失，现已有109种动物、58种植物濒危，被列为国家重点保护对象。

大量砍伐原始林种植橡胶后，动植物栖息环境遭到破坏，区域小气候发生改变，导致区域环境退化和生物多样性丧失。热带季雨林群落高度在40m左右，植被分层现象明显，形成了生物多样性和种质基因库，而橡胶林群落结构单一，破坏了物种的多样性和稳定性。典型热带季雨林样地的植物物种数为153～171种，橡胶园的植物物种数不到70种，且多数是紫茎泽兰、肿柄菊、白茅等入侵性杂草，热带季雨林转换为橡胶林后，物种丰富度下降了60%。有些学者甚至把橡胶林形容为绿色沙漠，以形象描述橡胶种植给生物多样性带来的灾难性后果。

6.3 橡胶林种植的生态资产损失评价

生态资产评估包括自然资产估价和生态系统服务价值评估，是直接对生态资产从整体上进行评估。鉴于云南橡胶林大多建立在砍伐原有热带季雨林或次生林的基础上，此次橡胶林种植生态损失估算是相对于热带季雨林或次生林而言的。由于砍伐热带季雨林种植橡胶林引起的区域小气候变化和生物多样性损失难以定量分析，重点对其土壤侵蚀损失和水源涵养损失进行定量计算。

6.3.1　土壤侵蚀损失估算

土壤侵蚀损失价值主要包括土壤养分损失价值和泥沙淤积损失价值两部分。其中，土壤养分损失价值根据土壤中的有机质、全氮（TN）、P_2O_5 和 K_2O 流失量来计算，泥沙淤积损失价值根据土壤侵蚀增加的泥沙淤积可造成的水库库容损失来计算，即

$$R_{\text{土壤侵蚀损失}} = R_{\text{土壤养分损失}} + R_{\text{泥沙淤积损失}} \tag{6.1}$$

$$R_{\text{土壤养分损失}} = M_{\text{土壤侵蚀增加量}} \times E_{\text{土壤养分含量}} \times F \times J \tag{6.2}$$

$$R_{\text{泥沙淤积损失}} = S_{\text{增加淤积体积}} \times K \times F \tag{6.3}$$

式中：$R_{\text{土壤侵蚀损失}}$ 为土壤侵蚀损失价值；$R_{\text{土壤养分损失}}$ 为土壤养分损失价值；$R_{\text{泥沙淤积损失}}$ 为泥沙淤积损失价值；$M_{\text{土壤侵蚀增加量}}$ 为橡胶林相对于热带季雨林的单位面积土壤侵蚀增加量，主要参考吴兆录（2009）的研究成果，考虑到云南以单一橡胶林为主，林间套种比例较低的实际，土壤侵蚀增加量取 2t/(hm^2 · a)；$E_{\text{土壤养分含量}}$ 为橡胶林土壤养分含量，根据《西双版纳自然保护区综合考察报告》，西双版纳橡胶林土壤有机质、TN、P_2O_5 和 K_2O 含量分别为 1.3%、0.1%、0.03%和 0.36%，总含量为 1.79%；F 为砍伐热带季雨林种植橡胶林的面积，取 2012 年云南橡胶林面积 55.64 万 hm^2；J 为有机肥价格，取纯有机肥市场价格 3000 元/t；$S_{\text{增加淤积体积}}$ 为橡胶林相对于热带季雨林的单位面积土壤侵蚀增加体积，土壤侵蚀增加量取 2t/(hm^2 · a)，土壤密度取 2.65t/m^3，则单位面积土壤侵蚀增加体积为 0.75m^3/(hm^2 · a)；K 为水库单位库容投资，取云南地区水库单位库容平均投资 25 元/m^3。

将各指标取值代入式（6.1）～式（6.3），即可得到云南橡胶林每年土壤侵蚀损失价值为 7019 万元，其中土壤养分损失价值每年为 5976 万元，泥沙淤积损失价值每年为 1043 万元。

6.3.2　涵养水源损失估算

从水资源储存功能的角度来说，森林是个绿色水库。因此，橡胶林相对于热带季雨林的水源涵养损失可根据二者蓄水量的差值及建设相应库容的水库所需投资来计算，即

$$R_{\text{水源涵养损失}} = (V_{\text{热带雨林}} - V_{\text{橡胶林}}) \times K \times F \tag{6.4}$$

式中：$R_{\text{水源涵养损失}}$ 为水源涵养损失价值；$V_{\text{热带雨林}}$ 和 $V_{\text{橡胶林}}$ 分别为热带雨林和橡胶林单位面积平均水源涵养量，其取值分别为 5858m^3/hm^2 和 3108m^3/hm^2；K 为水库单位库容投资，取云南地区水库单位库容平均投资 25 元/m^3；F 为砍伐热带季雨林种植橡胶林的面积，取 2012 年云南橡胶林面积 55.64 万 hm^2。

将各指标取值代入式（6.4），即可得到云南橡胶林水源涵养损失价值约

为 382.525 亿元，按水库平均设计寿命 50 年计算，则每年损失价值约为 7.651 亿元。

6.4 橡胶林种植的生态资产向生态资本转化的展望

生态资源是人类生存的基础，随着全球经济的高速增长，生态资源需求随之增加，同时由于发展带来的生态破坏和环境污染也使生态资源对经济社会发展的支撑能力逐步下降，致使生态资源成为制约经济发展的重要因素。造成这一现象的主要原因是生态资源产权不明，只有将生态资源转变为具有明确产权的生态资产，才能增强人类保护生态资源的意识，进而从根本上杜绝资源的过度消耗与浪费（Meng & Miao，2013；陈百明 等，2003）。生态资产是指具有物质及环境生产能力并能为人类提供服务和福利的生物或生物衍化实体，主要包括化石能源和生态系统，其价值表现为自然资源价值、生态服务价值以及生态经济产品价值（高吉喜 等，2016）。生态资本的概念源于国际上的自然资本，主要指有一定产权归属并能够实现价值增值的生态资源，主要包括自然资源总量、环境质量与自净能力、生态系统的使用价值以及能为未来产出使用价值的潜力资源等（严立冬 等，2010）。生态资源资产化是生态资本化的必经途径，生态资产资本化是实现生态资产增值的重要途径，也是生态资源价值体现的最终结果（刘章生 等，2021）。

生态资产资本化是实现生态资产价值并使其增值的最有效方法，其通过利用生态资产价值及其消费形态的转变，实现生态资产转为生态资本并长期整体收益最大化的目标，使经济发展和生态保护并行不悖，使生态保护和反贫困在现实中实现统一。

生态资产转变为生态资本需要有一个资本化的过程。即生态资产通过人为开发和投资盘活资产转为生态资本，运营形成生态产品，最终通过生态市场循环来实现其价值的不断增值。生态资产增值的基本途径为：生态资源资产化，生态资产资本化，生态资本可交易化。生态资产得不到有效保护的原因之一，就是没有考虑到自然资源可以作为资本，用来增值，增加区域的经济财富。在区域社会经济发展中，能否实现区域生态资产存量转变为资本增量，完成生态资产的质变过程，对一个地区乃至一个国家都具有极其重要的作用。一方面需要加大力度，保护生态；另一方面，必须将其转为资本进而增值。为此，利用生态资产价值及其消费形态的转变，实现生态资产转为生态资本并长期整体收益最大化的目标，使经济发展和生态保护并行不悖，使生态保护和反贫困在现实中实现统一。目前，生态资产资本化的途径主要有直接利用、间接利用、使用权交易、生态服务交易、发展权交易、产业化等方式。

截至 2011 年年底，我国自然保护区面积占国土面积已达 14.93%，超过世界平均水平。但是，保护区所处的区域有很多属于贫困地区，生态保护与经济发展的矛盾突出。分析其原因，居民在很大程度上依赖当地自然资源来维持生计，但对自然资源的利用长期处于低水平利用，没有实现生态资源的最大价值化。当地居民迫于生计，不得不继续开发生态资源，因此，生态资产难以保护。生态破坏反过来又导致贫困，最终陷入生态脆弱-贫困-保护-掠夺资源-生态退化-进一步贫困的恶性循环。因此，生态资源转化为生态资产和生态资本的关键是在学术研究的基础上加强生态资产的各方面研究，为生态资产资本化奠定明确的理论基础。在保证资本最大化的法律框架下，必须加强各区域环境保护立法，最大限度地发挥各区域保护环境的主观能动性，建立与市场经济相适应的法律体系。具体来说，要通过制订详细的市场运行规则和市场管理办法，加强市场监督检查，建立生态市场管理行为规范，培育公平的市场，制定有效的政策。同时，转变投资机制，调动社会各方面的投资积极性，拓宽环保投资渠道，推动生态资产资本化的发展。此外，运用经济杠杆，促进生态资产转向社会化和市场化，促进生态资本化的良性循环。

在当今环境污染、生态破坏严重的大背景下，生态资源作为一种资产，其对社会经济的支撑力在逐步下降。生态资产的经济价值越来越被社会各界关注和研究。目前，生态资产评估是主要的热点，但并未形成多数人认可并且较为完善的统一评估标准。如何将生态资源转化为生态资产？如何实现生态资产的资本化，实现生态资产的良性运营？一是要加强理论研究。如何管理和进一步发展生态资产，研究生态资产资本化理论，是落实绿水青山就是金山银山的具体实践，对推动我国生态文明建设具有重要现实意义。二是要健全市场环境机制。生态市场环境的改善，首先需要加强对生态资产所有权管理，维护所有者权益，这是建设生态市场的前提条件，也是提高公众环保消费意识，推动生态市场的健康运行。三是要完善法律体系。由于全国生态资产分布不均匀，各地经济发展水平也存在差异，生态资产资本化的途径、模式各不相同。所以，在利用自然资源的同时，建立完善的生态法律法规保护体系，是避免过度的生态资产资本化的根本保障。四是政府要加强宏观调控。由于资本具有逐利的本性，政府的配套政策是生态资产资本化的最佳出路，政府能够通过强有力的经济手段、法律手段和行政手段抵制资本逻辑的无限扩张，逐渐使经济和社会朝着有利于生态保护与经济发展的双赢方向发展。

生态资产类型复杂多样，生态资产评估的目的各不相同，生态资产评估与类型划分方法各异。区域生态资产评估的定量评估是一个复杂的科学问题，其空间分布及动态变化均具有多尺度特征，并且在不同的尺度上受不同的主导因素的影响。虽然在快速城市化地区人为因素是其主要动因的认识已被广泛接受，但是，在区域尺度上如何考虑局部气候、地形状况等自然因素，在全球尺度上考虑全球变暖对区域生态资产动态的影响，依据在长系列生态空间资产分布数据中定量分析不同尺度上各因素的贡献率及相互作用机制仍是难以解决的问题。

生态资产定量评估对国家安全及区域可持续发展有重要意义，而对其进行测量方面的研究目前仍处于探索阶段。随着空间地理信息技术的发展，遥感及 GIS 技术的广泛应用为在大尺度上快速获取某地区生态资产时空分布状况提供了数据基础和技术支持。针对云南橡胶林生态资产时空分布状况的研究还很不足的现状，提出对云南橡胶林种植区域开展生态资产时空分布状况监测遥感定量评估的尝试性研究和探讨的构想。

6.5 结　论

(1) 云南橡胶种植的经济社会效益显著，对区域经济发展、增加农民纯收入及促进就业具有积极作用。特别是西双版纳橡胶产值在农业总产值中所占比重达 54%～75%，且 GDP 与橡胶产值呈指数关系；农民人均纯收入增加过程与橡胶产量增加过程基本一致；割胶每年能够吸纳劳动力约 6.5 万人。经核算，2012 年云南橡胶产量总产值约为 38.98 亿元，橡胶种植年纯利润约为 15.59 亿元。

(2) 云南橡胶种植在带来可观经济社会效益的同时，也带来了不可忽视的生态损失。尤其是橡胶种植带来的区域小气候改变、水土流失加剧、水源涵养功能减弱和生物多样性减少等生态损失。经核算，云南橡胶种植的年土壤侵蚀及水源涵养损失价值约 8.35 亿元，其中年土壤侵蚀损失价值为 7019 万元，年水源涵养损失价值为 7.651 亿元。此外，云南橡胶种植还有不可估量的区域气候变化和生物多样性损失价值，若扣除生态损失价值，橡胶种植的经济社会效益贡献将大打折扣。

(3) 云南橡胶林相对于热带季雨林虽然存在较大的生态损失，但从保障国家战略工业原料安全及稳定当地社会经济的角度出发，砍伐橡胶林恢复热带季雨林也是不现实的。因此，在保护现有热带季雨林的基础上，如何降低橡胶林的生态损失是当前亟须解决的问题。

(4) 进一步加强理论研究、健全市场环境机制、完善法律体系、政府要加强宏观调控等，利用强有力的理论依据、经济手段、法律手段和行政手段来实现生态资源转化为生态资产，通过生态资源的直接利用、间接利用、使用权交易、生态服务交易、发展权交易、产业化等方式和途径来实现云南橡胶林种植的生态资源的资产，实现生态资产的良性运营和生态资产向生态资本转化的展望。

(5) 针对云南种植橡胶林生态资产时空分布状况的研究至今仍然处于空白的现状，提出对云南橡胶林种植区域开展生态资产时空分布状况监测遥感定量评估的尝试性研究和探讨的构想。

第7章　云南主要人工经济林对区域水安全影响评估及调控对策

7.1　橡胶林种植对区域水资源安全影响评估

7.1.1　降水变化特征

澜沧江流域南部是人工经济林分布较为集中的区域。分析结果表明：澜沧江流域南部多年平均年降水量为1300～2000mm，区域降水量总体呈下降趋势；在统计时间序列内均未超过信度 $\alpha=0.01$ 临界值线，表明其变化趋势不显著，未发生突变；澜沧江流域南部河流 Hurst 指数（H）值均大于0.5，表明其未来趋势与过去一致，即仍将呈下降趋势。

从空间上来看，澜沧江流域南部降水总体呈自西向东增加的趋势，流域南部中间降水缓慢增加，而东西两侧降水呈较快的下降趋势。澜沧江流域南部降水总体变化趋势与相邻的怒江流域降水变化趋势基本一致，怒江流域受人类活动干扰较小，降水属于天然序列，因此可以判断人工经济林集中种植对区域降水的影响甚微。

7.1.2　河川径流多年变化特征

澜沧江流域南部多年平均径流模数呈自西向东增加的趋势，与降水量空间变化规律基本一致；勐海站和曼中田站径流与降水变化趋势一致，而曼拉撒站径流总体上呈缓慢减少趋势，与降水变化趋势不一致，其主要原因可能与上游大沙坝中型水库的水面蒸发增损有关。澜沧江流域南部河流降水-径流关系基本一致，表明人工经济林集中种植对区域降水-径流关系的影响甚微。

从径流年内分配来看，澜沧江流域南部河流枯季径流占比大于枯季降水占比，径流集中期相对于降水集中期存在一定的滞后效应，符合产汇流特征。澜沧江流域南部降水年内分配集中度呈上升趋势，而径流年内分配集中度呈下降趋势，表明集水区水源涵养功能呈增强趋势，人工经济林集中种植并没有导致区域性的水源涵养功能显著下降。

7.1.3　西双版纳山区饮用水短缺原因

西双版纳山区饮用水短缺的原因主要有以下几个方面：①西双版纳山区村民饮用水主要依靠附近的山泉，在橡胶林、茶叶林等人工经济林种植和发展过程中，需要将坡地改造成台地，容易破坏原有的泉眼水流通道；②人工经济林集中种植并没有导致区域性的水源涵养功能下降，但砍伐原有森林容易导致原有腐殖层流失，局部储水能力下降，对山泉的调节补给能力减弱，导致山泉流量锐减甚至枯竭；③部分村民饮水基本靠打井取用地下水，砍伐原始林种植人工经济林后地下水水位下降，加之当地有关部门规定十年内同一村庄不予拨款二次建井，饮用水井出水量减少逐步难以满足当地村民生活需要；④近年来，保护区建设迁出人口大多安置于与其原来居住环境类似的山区，居民迫于生活压力大量砍伐水源地的原始林，水源减少且人口增加，导致饮用水短缺问题突出。

7.1.4　水资源安全评估

从分析结果来看，人工经济林种植对区域降水和河流径流的影响甚微，但从局部山区来看，人工经济林种植造成了山区村民饮用水短缺。区域降水和河流径流变化趋势一致，表明区域蒸散发情势基本没有发生变化，区域原来的水平衡没有被打破。由此可见，云南人工经济林种植没有改变区域水循环，对河流径流的影响甚微，其对区域水资源安全的影响主要集中体现在造成山区村寨饮水短缺。

7.2　水资源安全的调控对策

根据研究结果，从土地利用结构调整、林分结构优化、林下植被管理等方面提出生态水文调控对策。

7.2.1　保护现有残留的热带植被斑块

大部分热带雨林中的生物物种无法忍受雨林外环境，热带雨林的斑块化限制了种子的扩散。然而，残留的森林斑块与由砍伐森林转变而成的农田、草地和人工种植园相比，仍然能维持一定比例的本土物种，其生物多样性远远高于各种人工景观。在有合适条件时，斑块可能会持续发展，这将有利于热带雨林景观的恢复。通过联合现有的热带雨林实施热带雨林景观的恢复工作，比起裸地或受人类活动强烈改造的农田和草地，在技术上和经济上相对会更加容易。因此，当前残存的热带雨林、季雨林斑块具有极高的保护价值，但目前很多未受保护的森林斑块正面临不可逆转的丧失。在热带雨林的保护和恢复工作中，应该优先评价和保护残存的森林斑块，尤其开发利用强度较大地区仅剩的孤立斑块，更应该对其优先评估和保护。

原始热带森林不仅有较高的经济价值，更有着巨大的生态价值。邓燔等（2007）比较了海南岛天然林、桉树林和橡胶林的生态效益，发现热带天然林涵养水源价值、固碳制氧、保育土壤、生物多样性、森林生态旅游这几项生态效益的价值高达每公顷 7.59 万元，生态效益价值与木材价值的比值达到 1∶33.8；天然林在涵养水源、固定二氧化碳、释放氧气、保持养分以及减少土壤侵蚀方面的生态效益分别是橡胶林的 1.82 倍、1.63 倍、1.63 倍、2.11 倍和 1.25 倍，是桉树林的 4.11 倍、2.28 倍、2.28 倍、1.17 倍和 3.16 倍。

7.2.2 提高人工经济林附加值

在限制砍伐天然林种植人工经济林的同时，砍伐现有人工经济林恢复次生林植被也是不现实的。因此，大力发展林下经济，提高人工经济林的经济附加值和生态附加值，不失为实现地方经济增长和生态恢复双赢的有效途径。

7.2.2.1 林下套种药材模式

云南植物药材资源丰富，2016 年全省中药材产业种植面积 665 万亩，较上年增长 11.4%，种植面积跃居全国第一位。665 万亩中药材中，采收面积 581 万亩，农业产值 253 亿元，居全国前列。全省近 1/5 的农村人口涉及中药材种植养殖，专业大户达 96000 多户，药农年人均纯收入达 3000 多元，占年均纯收入的近 1/3。

近年来，云南省多地紧紧依托得天独厚的地理环境优势，大力发展中药材种植产业，通过“公司＋基地＋合作社＋农户”的发展模式，积极组建农民专业合作社，确实促进了农民增收、产业增效，有效助推了产业发展和农户收入稳固提升，为农民铺就致富路。据统计数据显示，2016 年，全省从事中药材产业的企业数达 1379 户，相关行业协会数 159 个，农民专业合作组织 2134 个，参加农民专业合作组织农户达 96046 户，农业专业合作组织种植面积达 101.86 万亩，着力提升中药材产业效益。目前，人工经济林林下药材种植还没有得到广泛推广，具有较大的发展潜力。

7.2.2.2 林下套种食用菌模式

云南野生食用菌资源较丰富，在全世界已知的 2166 种野生菌中，云南有 978 种，占到全世界的 45%，占整个中国的 91%，因此，云南有“野生菌王国”的美誉。我国野生菌已形成出口额逾亿美元的产业，保守估计其实际年出口额应在 1.5 亿美元左右。其中，云南鲜松茸出口占全国的 80%以上，牛肝菌干片占全国的 58%，块菌占全国的 45.6%。云南野生菌远销世界 20 多个国家和地区，日本、欧盟、美国等是传统销售市场，东盟、俄罗斯、非洲、南美等属于新兴市场。据不完全统计，2013 年云南省食用菌总产量达 31 万 t，产值 80.4 亿元，且市场需求继续增长。目前，云南野生食用菌出口创汇稳居全国第一位，成为继烟草之后云南第二大出口农产品，也成为一些地方农民收入的重要来源和贫困山区农民脱贫致富的重要途径。

海南省农垦总局从 2007 年开始在海南西部的广坝农场、大岭农场，东部的农垦科学院文昌试验站等地橡胶林林下复合种植竹荪、毛木耳、平菇、金福菇、褐蘑菇、大球盖菇、椴木灵芝、菌草袋栽灵芝及鹿角灵芝等食用、药用菌。实践证明，发展橡胶林菌复合经营模式的贡献率十分显著，既实现胶菌共赢，提高了农业效益，又解决了劳动力就业，优化了农垦产业结构，实现经济、社会和生态效益的统一发展。因此，大力发展人工经济林林下食用菌产业，符合努力打造“云菌”品牌的政策，在当前农业结构调整中具有重要意义。

7.2.2.3　林下家禽家畜养殖模式

利用人工经济林空间资源，发展林下家禽养殖。林下散养家禽肉质好，符合人们对生态食品的需求，家禽粪便散落林间可作为林地基肥，促进了树木生长，形成了以牧促林、以林护牧的多级能量利用的良性生态循环。目前云南人工经济林林下家禽养殖发展十分有限，可结合当地优质品种，发展鸡、旱鸭、鹅等养殖。随着云南旅游强省、生态强省、特色农业的建设与影响越来越大，在禽肉的消费中越来越趋向于优质化，有利于发展人工经济林林下养殖家禽。

利用人工经济林林下野生草本植物或林下人工种植饲料植物，为猪、牛、羊等家畜提供饲料，获得绿色、安全、畅销的畜产品。如森林郁闭前，林下种植柱花草、王草、坚尼草、银合欢、红薯藤、紫花苜蓿、三叶草和黑麦草，并利用这些牧草进行猪、牛、羊的养殖。

7.2.2.4　林下花卉种植模式

云南气候资源优越，花卉资源丰富。云南南部水热条件好，可在人工经济林林下种植散尾葵、发财树、富贵竹等观赏花木，生态效益和经济效益明显。

7.2.2.5　林下其他农作物种植模式

在人工经济林幼林时期，郁闭度较低，进行幼林间种木薯、番薯、胡椒、绿豆、香蕉、菠萝以及藤本植物等，在提高农产品收入的同时，还可有效缓解幼林期的水土流失问题。

7.2.3　开展生态补偿工作

随着热带雨林、热带季雨林的进一步开发，遗存下来的少数民族部落，将会失去家园、谋生的工作及其传统文化和风俗，最终自然环境和生物多样性的丧失将导致依靠这些资源的当地少数民族文化、特性和传统的丧失。因此热带森林的保护对提高生态旅游以及当地少数民族的族群认同等方面产生的效益也是难以量化的。Yi 等（2014）假设在碳市场是唯一的生态补偿机制的前提下，将西双版纳州 900m 以上区域的橡胶种植园恢复为热带季雨林、热带山地雨林等所需要的碳的价格约为 20 美元/t，方可补偿橡胶生产为当地居民带来的经济收益。此举除了达到平衡财政的目的之外，还能带来重要的社会和生态效益，如保护生物多样性、增加自然的魅力、提高生活质量、提供更多的木料等森林产品以及生态系统服务。

7.2.4 人工经济林林下经济的政策引导

7.2.4.1 制定人工经济林林下经济发展规划

结合海南省林下经济特色和优势，完善林下经济发展规划的编制。重点发展林下药材、食用菌、林下养殖、林下花卉、林产品加工和森林生态旅游等产业。根据各市（县）自然资源特色和林下经济发展情况，充分发挥各地的区域比较优势，合理制定林下经济发展目标，明确发展方向和规模，加强云南人工经济林林下经济的发展模式和方向。

7.2.4.2 推动示范基地建设

各级政府、业务部门、农户加强学习，改变传统农林经济发展旧观念，积极培育一批人工经济林林下经济发展典型企业和大户，在技术和资金上予以重点扶持，充分发挥其示范带头作用；并通过新闻媒体、宣传手册、技术培训等多种形式，认真总结、广泛宣传发展林下经济的先进典型，及时推广好经验、好做法，充分发挥典型引路、示范带动的作用，推动林下经济规模化全面发展。

7.2.4.3 提高林下经济科技与服务支撑水平

积极开展人工经济林林下经济的相关科学技术研究，加快构建科技服务平台，切实加强技术指导。积极搭建农户、企业与科研院所合作的平台，加快良种选育、病虫害防治、森林防火、林产品加工、储藏保鲜等先进实用技术的转化和科技成果推广。强化人才培养，积极为龙头企业负责人和农民开展培训。建立林下经济林林业、农业专业合作组织，提高农民发展林下经济的组织化水平和抗风险能力，推进林权管理服务机构建设，为农民提供林权评估、交易、融资等服务，完善社会化服务体系。

7.2.4.4 实施政策和资金扶持

积极争取林下经济发展资金扶持，加大林下经济产业建设的投入力度，提高林下项目开发支持水平。在信贷和金融方面，积极开办林权抵押贷款、农民小额信用贷款和农民联保贷款等业务，解决农民发展林下经济融资难的问题，调动各地林下产业建设的积极性。同时，积极培育林下经济产品的专业市场，加快市场需求信息公共服务平台建设，健全流通网络，引导产销衔接，降低流通成本，帮助农民减少市场风险，提高经济效益。

7.2.4.5　应对措施

为响应国家“一带一路”倡议，推进云南省社会经济全面协调可持续发展，橡胶种植应遵循可持续发展原则和因地制宜原则。为促进云南橡胶产业的又好又快发展，把橡胶产业打造成云南重要的特色产业和民生产业，还需采取以下措施：

（1）科学规划。云南橡胶产业要想又好又快地发展，必须进行科学的规划。为加强天然橡胶资源的保护和合理开发利用，改善生态环境，促进社会经济的可持续发展，2011 年云南省西双版纳傣族自治州修订了《云南省西双版纳傣族自治州天然橡胶管理条例》，其主要内容包括：自治州人民政府应依法建立生态资源补偿机制，促进生态建设和环境保护；禁止在国有林、集体林中的自然保护区和水源林、国防林、风景林地、基本农田地、旅游景区、景点与海拔 950m 以上和坡度大于 25°的地带开发种植橡胶，以及对坡度大于 25°的分水岭、沟谷坡面和橡胶林地应当逐步退胶还林。该条例是着眼于对天然橡胶的保护，通过法规的形式对橡胶种植过程中的生态保护问题予以规定，规范橡胶种植过程中对生态的损害问题，从而谋求社会经济和生态的协调可持续发展，保护橡胶的种植量及生物多样性和热带雨林生态系统。

（2）合理布局。大面积橡胶种植导致严重的生态问题，但天然橡胶作为一种战略性资源又不能毅然摒弃。因此，进行合理的橡胶种植布局显得尤为重要。根据《中华人民共和国水土保持法》第二十条的规定，在 25°以上陡坡地种植经济林的，应当科学选择树种，合理确定规模，采取水土保持措施，防止造成水土流失。具体到云南省西双版纳植胶区，应根据《云南省西双版纳傣族自治州天然橡胶管理条例》规定的禁止在国有林、集体林中的自然保护区和水源林、国防林、风景林地、基本农田地、旅游景区、景点与海拔 950m 以上和坡度大于 25°的地带开发种植橡胶；以及对于坡度大于 25°的分水岭、沟谷坡面和橡胶林地应当逐步退胶还林；对于违反《云南省西双版纳傣族自治州天然橡胶管理条例》规定的应没收违法所得或者赔偿损失，并处 200 元以上 2000 元以下罚款。

参 考 文 献

陈百明，黄兴文，2003. 中国生态资产评估与区划研究 [J]. 中国农业资源与区划，24 (6)：20 - 24.

陈春峰，吴骏恩，刘佳庆，等，2016. 西双版纳地区胶农（林）复合系统对土壤团聚体的改良作用 [J]. 云南大学学报（自然科学版），(2)：326 - 334.

陈尖祝，2013. 利用 Google Earth 制作高清影像图 [J]. 黑龙江科技信息，(3)：81，31.

陈利群，刘昌明，李发东，2006. 基流研究综述 [J]. 地理科学进展，25 (1)：1 - 15.

陈颖，孙亚宽，曹静瑄，等，2019. 亚洲象保护的机遇和挑战 [J]. 林业建设，(6)：11 - 22.

陈影，哈凯，贺文龙，等，2016. 冀西北间山盆地区景观格局变化及优化研究——以河北省怀来县为例 [J]. 自然资源学报，31 (4)：556 - 569.

崔玉洁，刘德富，宋林旭，等，2011. 数字滤波法在三峡库区香溪河流域基流分割中的应用 [J]. 水文，31 (6)：18 - 23.

党素珍，王中根，刘昌明，2011. 黑河上游地区基流分割及其变化特征分析 [J]. 资源科学，33 (12)：2232 - 2237.

刀慧娟，乔世明，2013. 西双版纳橡胶树种植引发的环境问题及法律对策探析 [J]. 中央民族大学学报（哲学社会科学版），(3)：34 - 38.

邓燔，陈秋波，陈秀龙，2007. 海南热带天然林、桉树林和橡胶林生态效益比较分析 [J]. 华南热带农业大学学报，13 (2)：19 - 23.

邓志云，李玉武，2019. 热带雨林生物多样性监测与研究样地网络建设实践 [J]. 林业调查规划，44 (4)：60 - 64.

丁一汇，柳艳菊，2014. 近 50 年我国雾和霾的长期变化特征及其与大气湿度的关系 [J]. 中国科学：地球科学，44 (1)：37 - 48.

豆林，黄明斌，2010. 自动基流分割方法在黄土区流域的应用研究 [J]. 水土保持通报，30 (3)：107 - 111，133.

冯耀宗，2003. 物种多样性与人工生态系统稳定性探讨 [J]. 应用生态学报，14 (6)：853 - 857.

高吉喜，李慧敏，田美荣，2016. 生态资产资本化概念及意义解析 [J]. 生态与农村环境学报，32 (1)：41 - 46.

宫世贤，凌升海，1996. 西双版纳雾在减少 [J]. 气象，22 (11)：10 - 14.

郭军庭，张志强，王盛萍，等，2011. 黄土丘陵沟壑区小流域基流特点及其影响因子分析 [J]. 水土保持通报，31 (1)：87 - 92.

何振立，1997. 土壤微生物量及其在养分循环和环境质量评价中的意义 [J]. 土壤，29 (2)：61 - 69.

黄鑫，曹学章，张明，等，2019. 基于最小累积阻力模型的内蒙古胜利煤田景观生态安全格局构建 [J]. 生态与农村环境学报，35 (1)：57 - 64.

黄玉仁，黄玉生，李子华，等，2000. 生态环境变化对雾的影响 [J]. 气象科学，20 (2)：129 - 135.

黄玉生，许文荣，李子华，等，1992. 西双版纳州冬季辐射雾的初步研究 [J]. 气象学报，2 (1)：112 - 117.

姜坤，2015. 基于生态安全格局的盆地型城市生态空间结构优化研究——以福州中心城区为例 [D]. 福州：福建师范大学.

荆田芬，余艳红，2016. 基于 InVest 模型的高原湖泊生态系统服务功能评估体系构建 [J]. 生态经济，32 (5)：180 - 185.

景可，焦菊英，李林育，2010. 长江上游紫色丘陵区土壤侵蚀与泥沙输移比研究——以涪江流域为例 [J]. 中国水土保持科学，8 (5)：1 - 7.

兰国玉，胡跃华，曹敏，等，2008. 西双版纳热带森林动态监测样地——树种组成与空间分布格局 [J]. 植物生态学报，32 (2)：287 - 298.

雷泳南，张晓萍，张建军，等，2011. 自动基流分割法在黄土高原水蚀风蚀交错区典型流域适用性分析 [J]. 中国水土保持科学，9 (6)：57 - 64.

李航鹤，马腾辉，王坤，等，2020. 基于最小累积阻力模型（MCR）和空间主成分分析法（SPCA）的沛县北部生态安全格局构建研究 [J]. 生态与农村环境学报，36 (8)：1036 - 1045.

李金涛，刘文杰，卢洪健，2010. 西双版纳热带雨林和橡胶林土壤斥水性比较 [J]. 云南大学学报（自然科学版），(S1)：391 - 398，404.

李丽娟，姜德娟，李九一，等，2007. 土地利用/覆被变化的水文效应研究进展 [J]. 自然资源学报，22 (2)：211 - 224.

李青圃，张正栋，万露文，等，2019. 基于景观生态风险评价的宁江流域景观格局优化 [J] 地理学报，74 (7)：1420 - 1437.

李胜鹏，柳建玲，林津，等，2020. 基于 1980—2018 年土地利用变化的福建省生境质量时空演变 [J]. 应用生态学报，31 (12)：4080 - 4090.

李益敏，管成文，郭丽琴，等，2018. 基于生态敏感性分析的江川区土地利用空间格局优化配置 [J]. 农业工程学报，34 (20)：267 - 276，316.

李益敏，管成文，朱军，2017. 基于 GIS 的星云湖流域生态敏感性评价 [J]. 水土保持研究，24 (5)：266 - 271，278.

李子华，2001. 中国近 40 年来雾的研究 [J]. 气象学报，59 (5)：616 - 624.

梁发超，刘浩然，刘诗苑，等，2018. 闽南沿海景观生态安全网络空间重构策略：以厦门市集美区为例 [J]. 经济地理，38 (9)：231 - 239.

廖谌婳，李鹏，封志明，等，2014. 西双版纳橡胶林面积遥感监测和时空变化 [J]. 农业工程学报，30 (22)：170 - 180.

林凯荣，陈晓宏，江涛，等，2008. 数字滤波进行基流分割的应用研究 [J]. 水力发电，34 (6)：28 - 30，88.

林学钰，廖资生，钱云平，等，2009. 基流分割法在黄河流域地下水研究中的应用 [J].

吉林大学学报（地球科学版），39（6）：959－967.

刘少军，张京红，李伟光，等，2021. 不同气候适宜区的橡胶产胶潜力研究［J］. 气象研究与应用，42（1）：48－52.

刘少军，周广胜，房世波，2016. 中国橡胶种植北界［J］. 生态学报，36（5）：1272－1280.

刘文杰，李红梅，1996. 我国西双版纳雾资源及其评价［J］. 自然资源学报，11（3）：263－267.

刘小宁，张洪政，李庆祥，等，2005. 我国大雾的气候特征及变化初步解释［J］. 应用气象学报，16（2）：220－230.

刘玉洪，张一平，马友鑫，等，2002. 西双版纳橡胶人工林地表径流与地下径流的关系［J］. 南京林业大学学报（自然科学版），26（1）：75－77.

刘章生，祝水武，刘桂海，2021. 国内生态资本文献计量研究［J］. 生态学报，41（4）：1680－1691.

刘智方，唐立娜，邱全毅，等，2017. 基于土地利用变化的福建省生境质量时空变化研究［J］. 生态学报，37（13）：4538－4548.

吕晓涛，唐建维，何有才，等，2007. 西双版纳热带季节雨林的生物量及其分配特征［J］. 植物生态学报，31（1）：11－22.

吕玉香，王根绪，张文敬，2009. 贡嘎山黄崩溜沟流域基流估算及其特性分析［J］. 中国农村水利水电，（3）：17－20.

彭建，李慧蕾，刘焱序，等，2018. 雄安新区生态安全格局识别与优化策略［J］. 地理学报，73（4）：701－710.

彭建，赵会娟，刘焱序，等，2017. 区域生态安全格局构建研究进展与展望［J］. 地理研究，36（3）：407－419.

彭娅，2015. "一带一路"战略下西双版纳州优势产业发展研究［D］. 昆明：云南大学.

漆良华，梁昌强，毛超，等，2014. 海南岛甘什岭热带低地次生雨林物种组成与地理成分［J］. 生态学杂志，33（4）：922－929.

邱廉，陶婷婷，韩善锐，等，2017. 宏生态尺度上景观破碎化对物种丰富度的影响［J］. 生态学报，37（22）：7595－7603.

权锦，马建良，2010. 石羊河流域基流分割及特征分析［J］. 水电能源科学，（1）：15－17，27.

单沛尧，史青，鞠洪深，等，1996. 云南土壤［M］. 昆明：云南科技出版社.

孙晨红，2015. 多源遥感数据融合生成高时空分辨率地表温度研究与验证［D］. 西安：西安科技大学.

孙兴齐，2017. 基于 InVEST 模型的香格里拉市生态系统服务功能评估［D］. 昆明：云南师范大学.

孙玉梅，史保林，徐玉静，等，2020. 西双版纳土地利用时空分形特征分析［J］. 测绘通报，（11）：108－111.

唐国勇，黄道友，童成立，等，2005. 土壤氮素循环模型及其模拟研究进展［J］. 应用生态学报，16（11）：2208－2212.

唐炎林，邓晓保，李玉武，等，2007. 西双版纳不同林分土壤机械组成及其肥力比较 [J]. 中南林业科技大学学报，(1)：70-75.

汪铭，李维锐，李传辉，等，2014. 云南植胶区生态胶园建设理论与实践 [C]//云南省科协. 第四届云南省科协学术年会生物种业论坛：578-584.

王丽萍，陈少勇，董安祥，2005. 中国雾区的分布及其季节变化 [J]. 地理学报，60 (4)：689-697.

王丽萍，陈少勇，董安祥，2006. 气候变化对中国大雾的影响 [J]. 地理学报，61 (5)：527-536.

魏凤英，2007. 现代气候统计诊断与预测技术 [M]. 北京：气象出版社.

魏莉莉，寇卫利，向兰兰，等，2018. 西双版纳热带森林景观破碎化地形差异性分析 [J]. 西南林业大学学报（自然科学），38 (2)：95-102.

邬建国，2007. 景观生态学——格局、过程、尺度与等级 [M]. 2 版. 北京：高等教育出版社.

吴秀坤，2013. 纳版河流域土地利用方式对土壤活性有机碳和水稳性团聚体的影响 [D]. 昆明：云南农业大学.

西双版纳傣族自治州统计局，国家统计局西双版纳调查队，2018. 西双版纳傣族自治州统计年鉴 2017 [M]. 昆明：云南科技出版社.

吴学灿，段禾祥，杨靖，2020. 西双版纳热带雨林保护与修复探讨 [J]. 环境与可持续发展，45 (5)：118-121.

吴兆录，2009. 自然保护区管理成效评价理论框架和案例研究 [C]//中国生态学学会第八届全国会员代表大会暨学术年会论文集. 259-260.

夏体渊，吴家勇，段昌群，等，2009. 西双版纳橡胶林生态经济价值初探 [J]. 华东师范大学学报（自然科学版），(2)：21-28.

徐超璇，鲁春霞，黄绍琳，2020. 张家口地区生态脆弱性及其影响因素 [J]. 自然资源学报，35 (6)：1288-1300.

徐凡珍，胡古，沙丽清，2014. 施肥对橡胶人工林土壤呼吸、土壤微生物生物量碳和土壤养分的影响 [J]. 山地学报，(2)：179-186.

徐涵秋，2013. 城市遥感生态指数的创建及其应用 [J]. 生态学报，33 (24)：7853-7862.

徐建华，2017. 现代地理学中的数学方法 [M]. 3 版. 北京：高等教育出版社.

徐磊磊，刘敬林，金昌杰，等，2011. 水文过程的基流分割方法研究进展 [J]. 应用生态学报，22 (11)：3073-3080.

许再富，2004. 亚洲象与竹/蕉分布隔离的生态效果及其保护对策探讨 [J]. 生态学杂志，23 (4)：131-134.

严立冬，陈光炬，刘加林，等，2010. 生态资本构成要素解析——基于生态经济学文献的综述 [J]. 中南财经政法大学学报，(5)：3-9，142.

杨亮洁，王晶，魏伟，等，2020. 干旱内陆河流域生态安全格局的构建及优化——以石羊河流域为例 [J]. 生态学报，40 (17)：5915-5927.

尹仑，薛达元，2013. 西双版纳橡胶种植对文化多样性的影响——曼山村布朗族个案研究 [J]. 广西民族大学学报（哲学社会科学版），(2)：62-67.

曾波，王钦，2018. 我国南方地区50a冬季降水和相对湿度特征分析［J］. 长江流域资源与环境，27（4）：828－839.

张箭，2015. 世界橡胶（树）发展传播史初论［J］. 中国农史，34（3）：3－16.

张科利，彭文英，杨红丽，2007. 中国土壤可蚀性值及其估算［J］. 土壤学报，44（1）：7－13.

张克映，1963. 滇南气候的特征及其形成因子的初步分析［J］. 气象学报，（2）：90－102.

张敏，邹晓明，2009. 热带季节雨林与人工橡胶林土壤碳氮比较［J］. 应用生态学报，（5）：1013－1019.

张一平，王馨，王玉杰，等，2003. 西双版纳地区热带季节雨林与橡胶林林冠水文效应比较研究［J］. 生态学报，23（12）：2653－2665.

张玥，许端阳，李霞，等，2020. 中－老交通走廊核心区生态廊道构建与关键节点识别［J］. 生态学报，40（6）：1933－1943.

赵永光，黄波，汪超亮，2013. 基于超分辨率重建的多时相MODIS与Landsat反射率融合方法［J］. 遥感学报，17（3）：590－608.

周广强，陈敏，彭丽，2013. 雾霾科学监测及其健康影响［J］. 科学，65（4）：56－59.

周会平，岩香甩，张海东，等，2012. 西双版纳橡胶林下植被多样性调查研究［J］. 热带作物学报，33（8）：1444－1449.

周丽丽，殷培红，耿润哲，等，2020. 河岸缓冲带划定及影响因素研究进展［J］. 环境污染与防治，42（8）：1044－1048.

周莉，李保国，周广胜，2005. 土壤有机碳的主导影响因子及其研究进展［J］. 地球科学进展，20（1）：99－105.

周文君，张一平，沙丽清，等，2011. 西双版纳人工橡胶林集水区径流特征［J］. 水土保持学报，25（4）：54－62，68.

周文佐，刘高焕，潘剑君，2003. 土壤有效含水量的经验估算研究——以东北黑土为例［J］. 干旱区资源与环境，17（4）：88－95.

朱东国，谢炳庚，陈永林，2015. 基于生态敏感性评价的山地旅游城市旅游用地策略——以张家界市为例［J］. 经济地理，35（6）：184－189.

朱华，许再富，王洪，等，1997. 西双版纳傣族“龙山”片断热带雨林植物多样性的变化研究［J］. 广西植物，17（3）：213－219.

朱凯，刘文杰，刘佳庆，等，2016. 西双版纳地区不同胶农复合林对土壤理化性质的影响［J］. 亚热带植物科学，（4）：337－342.

朱强，俞孔坚，李迪华，2005. 景观规划中的生态廊道宽度［J］. 生态学报，25（9）：2406－241.

邹国民，杨勇，曹云清，等，2015. 西双版纳橡胶种植业现状、问题及发展的探讨［J］. 热带农业科技，（3）：1－3.

BRUIJNZEEL L A，VENEKLAAS E J，1998. Climatic conditions and tropical mountain forest productivity：the fog has not lifted yet［J］. Ecology，79（1）：3－9.

BUDYKO M I，1974. Climate and Life［M］. San Diego：Academic Press.

DAWSON T E，1998. Fog in the California redwood forest：ecosystem inputs and use by plants [J]. Oecologia, 117 (4): 476 - 485.

DENNIS B, ERIC W, 2014. Winter fog is decreasing in the fruit growing region of the Central Valley of California [J]. Geophysical Research Letters, 41 (9): 3251 - 3256.

FORTHUN G M, Johnson M B, Schmitz W G, et al, 2006. Trends in fog frequency and duration in the southeast United States [J]. Physical Geography, 27 (3): 206 - 222.

GULTEPE I, TARDIF R, MICHAELIDES S C, et al., 2007. Fog research: a review of past achievements and future perspectives [J]. Pure & Applied Geophysics, 164 (6 - 7): 1121 - 1159.

HAMED K H, 2008. Trend detection in hydrologic data: the Mann - Kendall trend test under the scaling hypothesis [J]. Journal of Hydrology, 349 (3 - 4): 350 - 363.

HAMILTON W J, SEELY M K, 1976. Fog basking by the Namib Desert beetle, Onymacris unguicularis [J]. Nature, (262): 284 - 285.

HANESIAK J M, WANG X L, 2005. Adverse - weather trends in the Canadian Arctic [J]. Journal of Climate, 18 (16): 3140 - 3156.

HUANG Z, BAI Y, ALATALO J M, et al., 2020. Mapping biodiversity conservation priorities for protected areas: A case study in Xishuangbanna Tropical Area, China [J]. Biological Conservation, (249): 1 - 10.

INGWERSEN J B, 1985. Fog drip, water yield, and timber harvesting in the bull run municipal watershed, Oregon [J]. Journal of the American Water Resources Association, 21 (3): 469 - 473.

JORGE H, KRISZTINA K K, 2013. Economic causes of deforestation in the Brazilian Amazon: A panel data snalysis for the 2000s [J]. Environmental Resource Economics, 54 (4): 471 - 494.

LADOCHY S, 2005. The disappearance of dense fog in Los Angeles: Another urban impact? [J]. Physical Geography, 26 (3): 177 - 191.

LIU W J, LI P J, DUAN W P, et al., 2014. Dry - season water utilization by trees growing on thin karst soils in a seasonal tropical rainforest of Xishuangbanna, Southwest China [J]. Ecohydrology, 7 (3): 927 - 935.

LIU W J, MENG F R, ZHANG Y P, et al., 2004. Water input from fog drip in the tropical seasonal rain forest of xishuangbanna, southwest China [J]. Journal of Tropical Ecology, 20 (5): 517 - 524.

LIU W, HUGHES A C, BAI Y, et al., 2020. Using landscape connectivity tools to identify conservation priorities in forested areas and potential restoration priorities in rubber plantation in Xishuangbanna, Southwest China [J]. Landscape Ecology, 35 (11): 389 - 402.

MENG F Y, MIAO Z H, 2013. The quantitative evaluation of ecological assets in Sanjiang Plain based on remote sensing technology [J]. Applied Mechanics and Materials, 316: 245 - 249.

MYERS N, MITTERMEIER R A, MITTERMEIER C G, et al., 2000. Biodiversity hotspots for conservation priorities [J]. Nature, (403): 853 - 858.

NOGUCHI S, BAHARUDDIN K, ZULKIFLI Y, 2003. Depth and physical properties of soil in a forest and a rubber plantation in Peninsular Malaysia [J]. Journal of Tropical Forest Science, 15 (40): 513-530.

QIU J, 2009. Where the rubber meets the garden [J]. Nature, 457 (7227): 246-247.

RITTER A, REGALADO C M, ASCHAN G, 2009. Fog reduces transpiration in tree species of the Canarian relict heath-laurel cloud forest (Garajonay National Park, Spain) [J]. Tree Physiology, 29 (4): 517-528.

TAN Z H, ZHANG Y P, SONG Q H, et al., 2011. Rubber plantations act as water pumps in tropical China [J]. Geophysical Research Letters, 38 (24): 1-3.

XIAO H F, TIAN Y H, ZHOU H P, et al., 2014. Intensive rubber cultivation degrades soil nematode communities in Xishuangbanna, southwest China [J]. Soil Biology and Biochemistry, (76): 161-169.

XU J, GRUMBINE R E, BECKSCHAFER P, 2014. Landscape transformation through the use of ecological and socioeconomic indicators in Xishuangbanna, SouthwestChina, Mekong Region [J]. Ecological Indicators, (36): 749-756.

YI Z F, WONG G, CANNON C H, et al., 2014. Can carbon-trading schemes help to protect China's most diverse forest ecosystems? A case study from Xishuangbanna, Yunnan [J]. Land Use Policy, (38): 646-656.

YIN Y, LIU S, SUN Y, et al., 2019. Identifying multispecies dispersal corridor priorities based on circuit theory: A case study in Xishuangbanna, Southwest China [J]. Journal of Geographical Sciences, 29 (7): 1228-1245.

ZHANG J, XUE H, DENG Z, et al., 2014. A comparison of the parameterization schemes of fog visibility using the in-situ measurements in the North China Plain [J]. Atmospheric Environment, (92): 44-50.

ZHANG L, HICKEL K, DAWES W R, et al., 2004. A rational function approach for estimating mean annual evapotranspiration [J]. Water Resources Research, 40 (2): 89-97.

ZHOU W, LIU G, PAN J, et al., 2005. Distribution of available soil water capacity in China [J]. Journal of Geographical Sciences, 15 (1): 3-12.

ZHU H, XU Z F, WANG H, et al., 2004. Tropical rain forest fragmentation and its ecological and species diversity changes in southern Yunnan [J]. Biodiversity & Conservation, 13 (7): 1355-1372.

ZHU X, HELMER E H, GAO F, et al., 2016. A flexible spatiotemporal method for fusing satellite images with different resolutions [J]. Remote Sensing of Environment, (172): 165-177.

ZIEGLER A D, FOX J M, XU J, 2009. The rubber juggernaut [J]. Science, (324): 1024-1025.